不经历疼痛，哪有成功的蜕变

童 路 \ 著

北京工艺美术出版社

图书在版编目（CIP）数据

不经历疼痛，哪有成功的蜕变/童路著. — 北京：北京工艺美术出版社，2018.3

（励志·坊）

ISBN 978-7-5140-1220-0

Ⅰ.①不… Ⅱ.①童… Ⅲ.①成功心理－通俗读物 Ⅳ.①B848.4-49

中国版本图书馆CIP数据核字（2017）第041338号

出 版 人：陈高潮

责任编辑：张怀林

封面设计：天下装帧设计

责任印制：宋朝晖

不经历疼痛，哪有成功的蜕变

童 路 著

出 版	北京工艺美术出版社	
发 行	北京美联京工图书有限公司	
地 址	北京市朝阳区化工路甲18号 中国北京出版创意产业基地先导区	
邮 编	100124	
电 话	（010）84255105（总编室） （010）64283630（编辑室） （010）64280045（发 行）	
传 真	（010）64280045/84255105	
网 址	www.gmcbs.cn	
经 销	全国新华书店	
印 刷	三河市天润建兴印务有限公司	
开 本	710毫米×1000毫米 1/16	
印 张	18	
版 次	2018年3月第1版	
印 次	2018年3月第1次印刷	
印 数	1~6000	
书 号	ISBN 978-7-5140-1220-0	
定 价	39.80元	

CONTENTS

目 录

拼尽全力才能凤凰涅槃

CONTENTS

疼痛是成功的必经之路

目 录

别让成功坏死在安逸上

CONTENTS

把时间花在美好的事上

目 录

不惧生命中的各种挑战

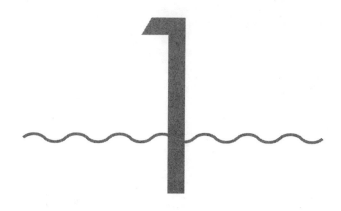

拼尽全力
才能凤凰涅槃

努力让自己变得美丽又温暖，

独立又坚强，

要相信，

所有的美好都会主动向我们靠近。

你都没有去积累，拿什么谈蜕变

[1]

有人问我：感觉自己干什么都不行，哪方面能力都不强，怎么办呢？怎么找到自己擅长的地方，走向成功呢？

对于这个问题，我想说一下自己的故事。

我是个文科生，没有那些厉害的技术技能，大学学了个新闻学专业，从大学到刚参加工作，一度觉得没什么用，甚至延伸到了"上大学无用论"的那个层次。上大学的时候，我一度很自卑，身边的同学，要么是学霸要么是活动达人，我就介于这两者之间，平平静静地过了四年，有多少人跟我是一样的呢？

"感觉自己干什么都不行，哪方面能力都不强，怎么才能成功呢？怎么找到自己擅长的地方呢？"这些问题在我身上都出来了。

当然，我没有因为迷茫，就去否定大学需要努力学习、努力参加实践这件事情，我只是讨厌自己那么早就参透了这些，甚至我一度因为觉得自己纯粹是为了偷懒而什么都不想做，而感到自责，甚至极度痛苦。

直到今天，我开始释怀，如果找不到让你舒服的状态，或者找不到能引爆你动力的事情，那你做的那些事情没有任何意义。当然，有人说努力学习考上研究生有好工作挣大钱，这就是动力啊，参加社会实践找好工作挣钱，就是动力啊，上班了多多努力多发点工资，就是动力啊，如果你是指通过物质化的回报，当作自己的动力，那么我不予置评。

我所强调的，是能够找到自己喜欢的状态，说大了就是延伸到一种使命感。

回归到现实，我们大多数都是普通人，我们需要做的是在自己的生活里，找到自己喜欢的那种状态。

[2]

我大学里就做了两件事：一是看书，二是写日记。每个夜晚熄灯后打着手电筒，一点点记录自己心里的烦恼，因为当时的自己完全没有那份耐力，去化解心里的忧伤。

甚至有段时间一度觉得自己得了抑郁症，很厌世，什么都不想做，但是我还是会泡图书馆，坚持写日记，或者说不需要坚持，我是必需每夜写上几张纸，才能睡去。

毕业后工作了，找到了跟专业有点沾边的传媒公司的一份工作，进去后发现干的事情，跟大学所学关系很小，其实我也是后来知道，原来大家都是一样的，只是我当时依旧不知道罢了。

就这样恍惚地过了两年，工作不咸不淡，没啥感觉，也没激情。

我开始觉得不对劲了，我又开始问那些纠结的终极问题了：我到底适合什么呢？我不会就这样过一辈子吧，万一找不到自己喜欢的生活方式怎么办？

我开始慌张了。

我只能自救了。

[3]

我细细地罗列一下那些生活中很不起眼的我。

在工作上，我现在所做的事情，就是写写文案整理一下表格，但是我写的专题推荐跟软文都不错，这些就得益于我平时就爱看有意思的广告文案，还有那些有意思的时事热点，直到我现在换了一份工作，专做策划。

我觉得那些脱口而出的创意点跟文案，在别人想来都是很难的东西，我说你们多看路边广告牌，多刷新闻，多听听别人讲故事，同事会觉得我做不来，但是，各有所长看来真的就是这样的，我这平时爱观察爱学以致用的性格，还是蛮有用的。

在同事关系上，我是个爱憎分明的人，遇上很奇葩的同事，就会躲得远远的，遇上不错的同事，就会多多分享，一起吃喝玩乐，跟大家都搞好关系的那一套说辞，不适合我。

我一开始也很纠结，但是后来我发现，当你专心做自己的时候，反而是最轻松的。

后来，部门搞团建聚餐活动，活动安排交给我，我也乐意接受这一切，因为我擅长出点子并去执行，我喜欢操持这个吃喝拉撒的小事情，并且喜欢井井有条地处理好。

这样的结果是大家都很感激我，至于那些占了你便宜，最后一点反馈都没有，甚至还各种抱怨的同事，那这一次就当作教训，下次你再来参与，我就拒绝筹备这次活动，他也就自知之明地离开了。

在生活上，我是个吃货，更是个喜欢下厨的人，各种菜式包括拼盘还有烘焙甜点，都会尝试，以前我不觉得这有什么，直到现在我才渐渐发现，会有人因为这个称赞我很厉害。

很厉害？以前我只会笑笑，我觉得这只是一种生活方式，直到现在我发现，正是这种叫"一种生活状态"的东西，就是让一个人获得内心平静的神丹妙药啊！

好比说有人喜欢登山、潜水、跑步，有人喜欢一个人独处思考，还有人喜欢呼朋唤友聚会，厉害的那些做研究实验，程序员们敲代码，还有一大堆90后小孩创业卖果汁卖肉夹馍卖手抓饼，以前看记者采访他们说，你为什么要选择这个，他们回答是为了开心，我总是不能理解，现在我明白了，"忠于自己的内心"是一件多么简单而又奢侈的事情。

多少人把自己囚禁在一个程序化的世界里，人来人往上班下班公车地铁，看到别人高喊这世界有很多种生活方式，然后想想就算了？

[4]

我也是一个普通的上班族，我也没有那么多的资本高喊旅行冒险，去见识外面的世界，我做了什么呢？

因为第一份工作是国企，安逸舒服的生活，不能让我内心平和，所以我跳槽到了一家互联网公司，每天写策划出方案，这一切工作要求，使得我每天刷微博逛知乎刷新闻网站，甚至开淘宝京东天猫，都成为了一种找创意点的方式。我一边干活，一边吸收在网上获得的知识，每天一点点，我有的是耐心。

我自己经营了一个微信公众号，叫"她在江湖漂"。一开始目的很简单，因为我找不到喜欢的质量高的微信阅读号，那些纯粹为了吸粉的标题党，一度绑架了我睡前的时间，最后一无所获让我气得胃疼，所以我就自己弄了这个微信公众号，专注于跟我一样迷茫而又寻找出路的女生们。

一开始我就挑自己喜欢的文章推荐，心情好了还写点自己的感悟，一大堆赤裸裸的麻辣反鸡汤，看得我舒服也高兴，直到后来决定自己写东西，结果发现有好多姑娘跟我留言分享自己的难点，我开始觉得，干吗要去改变这个世界啊，你看我能够让这些女生每天后台给我留言，"找到了同类中人"，这种爱分享的性格与能量，也成了我快乐的一种源泉。

我一向爱折腾，各种手工尝试的蛋糕甜点，会带到办公室跟大家分享，同学同事隔三岔五来家里蹭饭。我认识公司里一个年长的姐姐，跟她出去吃饭会探讨这个菜式的做法，还有餐具的摆设、餐厅的装修风格，翻桌率、人力培训成本控制都慢慢地聊开了。我就是这么无聊而较真，吃个饭，也会用自己的想法去思考，这些能不能让生活变得更美好的手段。

直到今天，那个大姐每天都念叨着，你要哪天开餐厅了，我一定会跟你投资，不光是你爱好擅长这件事，我觉得你这个人就是有生活味道的。

我笑着，餐厅开不开得成另说，我这个人渐渐变成了别人觉得有意思的人，其实这一切的前提，是我自己过成这样的，而不是为了别人的期待或者愿望才要去做什么的。

[5]

啰唆了这么多，至今想来，自己所做的这些，貌似跟大学没啥关系，其实关系大了去了。

我现在遇上难题，就会翻大学的日记跟读书笔记，觉得那时的自己真是幼稚荒唐，想那么差的问题。但是想想要是没有那时的纠结，今天的我也不会懂得利用身上这些特质，去让自己的生活变得更好一些。

比如写作，分享，成为各种闺蜜情感问题的垃圾桶，遇上餐厅的美食回家动手实验一番，同事跟朋友的衣服搭配顾问，跟年长的人聊人生哲学，跟外向的人聊美食电影跑步健身，跟内向的人聊能量法则，聊一个人独处的舒服感。

也正是因为一个人把很多问题都纠结过了，所以当我现在意识到"感觉自己干什么都不行，哪方面能力都不强，怎么办呢？怎么才能成功呢？怎么找到自己擅长的地方呢？"这种状态时，我已经学会梳理自己的情绪，然后一点点自我分析，进行自救，也可以一点点敲下这些文字。

或许答不对题，我不能技巧性地告诉你要多读书、多参加聚会、多找厉害的人学习、多投资自己，因为一旦从这个角度回答，你就会有下一层问题，读什么书好？怎么才能找到聚会圈子？如何认识厉害之人？怎样投资自己比较好？甚至还会问，同样的价钱，同样的条件，去学管理技能课程好还是报一个PPT培训课程好？

我们这一生伴随着问题而来，我开始明白这一点，同时我明白自己的境界太低，但是这不妨碍让我在这条寻找自己喜欢的生活方式的路上，继续前进，我也需要牛奶面包，我更需要找到人生意义之所在。

很多人问我最喜欢的电影是什么，我从来都不会说是《三傻大闹宝莱坞》，这不是大片，却是最打动我的一部电影。

可笑的是，多年前在大学宿舍看这部歌舞印度片的时候，笑得前仰后翻，跟舍友各种吐槽，而现在，再拿出来看，大半夜哭到不行，兰彻的那一句"追求卓越，成功自然而来"让我一夜无眠，多少人是把这句话反过来过这一生，还要抱怨人生的意义找不到的，殊不知，我们要的卓越，其实是自己喜欢、擅长并且还能坚持的东西。

或许你已经知道了自己喜欢什么，擅长什么，但是你不愿意把它释放出来，因为，不是所有人，都有勇气离开舒适区去做出改变的，也不是所有人都能意识到，即使现在还没有物化呈现的转折状态，但是已经开始慢慢去挖掘并默默积累的。

马云离开舒适期之前，默默做了六年英语老师，可是这个默默的过程，真的只是纯粹的上课下课而已吗？

时间看得见，愿你我共勉之。

所有的美好都会
在你努力之后主动靠近

[1]

去年到小喵家给她儿子庆生的时候，遇到一个学妹羊羊。羊羊读大二，想要考取教师资格证。作为一个曾经考过无数次证书，被称为一级考霸的过来人，小喵让我给她做做指导。做指导，无非就是教教她怎么备考。买哪个版本的参考书，做哪些题目，这些我都给她一一列出了详细目录。

突然冷不丁，羊羊问我："学姐，你谈过恋爱吧？"

我笑笑点点头："怎么？暗恋上哪个男生啦？"

羊羊突然就羞红了脸："好像是喜欢上了，可是他似乎不喜欢我。"

"他为什么不喜欢你呢？你看起来很优秀啊，小喵不是说你都拿了奖学金吗？"

"我很差啊，大学里的奖学金，成绩中等都可以拿到。我又黑又胖，不喜欢化妆，不穿高跟鞋，不穿裙子，说话也很大声。"

"既然知道自己的不足，那就慢慢改变，把自己变得更好更漂亮！"

"可是人家不都说，一个人如果不能接受最差的我，那么也就不配拥有最好的我。一个人如果真的喜欢我的话，应该是不介意的吧？"

一听这话，我就知道羊羊是个恋爱"小白"。要知道，这个世界上，没人会愿意跟一个很差的人做朋友，更何况是谈恋爱呢？多少人误读了这句话的含义。

一个人能够接受最差的你，那是在被你的优秀吸引相爱以后，愿意与你同甘共苦或者对你包容体谅，前提是你得优秀到吸引对方啊，如果连吸引都算不上，还谈什么爱上你呢？更别说接受最差的你了。

[2]

我上大一的时候，宿舍里有个同学伊伊，五官端正，就是有两颗小龅牙，咧嘴一笑，缺点就完全暴露了，所以一度她不敢张嘴。那时一入校就开始了军训，班上有个男孩儿南风，个头挺拔，五官俊俏，弹得一首好吉他，性格又很活泼，自动就成为了男生军训队列的负责人。伊伊个子也挺高，自告奋勇了女生队列的负责人。因为经常要去辅导员那里汇报工作，两个人开始有了交集。

当我们还沉浸在疲惫不堪的军训之中，无暇踏出校门的时候，伊伊早就已经把武汉的各个景点玩儿遍了。回到宿舍，伊伊总是有意无意提起南风，我们都说她恋爱了，她死不承认，我们也就常开她玩笑，没怎么当真。

再次知道她和南风的故事的时候，已是午夜12点，伊伊哭得稀里哗啦，打电话请我们帮忙找宿管阿姨开门。

[3]

伊伊确实喜欢上了南风，南风一周没有来上课，据说是回了老家山西，伊伊也就立刻买票到了山西找他。在爱情面前，再胆小的人都变得无畏。这是伊伊长这么大以来第一次出省，第一次走夜路，第一次是为了一个喜欢的人。去了南风老家后，南风把她臭骂了一顿："你来干吗？我凭什么喜欢你啊？"

当天，伊伊就坐上了回校的火车。除了那晚的哭泣，后来我们再也没有看过伊伊流泪。当我们看着韩剧，打着口水仗，玩着跑跑卡丁车，逃着课的时候，伊伊突然在我们面前消失了。后来才知道，当我们睡懒觉的时候，她早早就去教室自习了，课外的时候又做着各种兼职，又用挣来的钱，给自己上了一副牙套。

等到大二的时候，伊伊摘掉了牙套，成为了大家公认的班花，还拿到了励志奖学金，简直集美貌与才华于一身，让我们艳羡不已。而彼时的南风已是爱抽烟、爱喝酒、爱逃课的混世少年。临近毕业的时候，伊伊成功考上了研究生，而南风好几门课程都挂了科，面临着无法毕业的危机。

[4]

"我凭什么喜欢你啊？"这句话像是一根鞭子，在大学的四年里不断鞭挞着伊伊。

"是啊，我凭什么喜欢你啊？我不喜欢你了！"毕业聚餐的时候，伊伊喝醉了，吐出这么一句话。

当年的伊伊长着小龅牙，各个方面都平平，尽管一路狂追到心仪的男生的老家，最后还是被拒之门外。可是，她应该庆幸，正是那样的迎头痛击，让她充实地度过了大学四年，最后交了一副满意的答卷。

我把这个故事说给羊羊听，希望她能够真正明白点什么。

[5]

我想起前几年特别火的泰剧《初恋这点小事》，女主角华丽丽的就是丑小鸭变白天鹅的故事。剧中小水的告白依旧深深印在我的脑海里："阿亮学长，我有话对你说……我很喜欢阿亮学长，已经三年了。我所做的一切，我努力改变自己，都是为了你。我去报名参加舞蹈社，去演话剧，去当军队指挥，努力让自己学业进步，都是为了你。但是我现在知道，我最该做也早就该做的事情就是亲口对学长说我喜欢你！"

小水说早就该表白，但是如果她没有改变，依旧是那个丑小鸭，早早就对阿亮学长表白，估计也无法引起阿亮的注意和爱慕吧。正如剧中反复出现的那本书《让那个人爱上你的九种办法》里说的："要让爱情成为动力，让自己变得更厉害，更漂亮，每个方面都变得更好，那个人就会自己回头看你"。

小水凭借自己的努力改变，让最差的自己变得闪闪发光了，然后再去告白。九年之后，两人重逢，阿亮说："我一直在等那个人从美国回来。"公主和王子最终走到了一起。

比起后来的公主，我会永远记得那个黑乎乎的小水，记得她为爱做出的一切笨拙的努力。从一开始，她就成功了，从她开始改变，想要变得优秀的那一刻起，她就走在成功的路上了。

[6]

很久以前听说过这么一句话："在这个世界上，除了你爸妈，没人能够接受最差的你。"我也曾一度认为这句话，不无道理。

表妹萱萱，一直是姑姑和姑父的宠儿，因为是老来得子，又是独生，自然成了他们夫妻俩的心头肉。我工作以后，萱萱还在读高一，那时我和姑姑一起去学校看她。吃饭的时候，看着姑姑一口一口地喂萱萱吃饭，我说不出心里是什么滋味。

我理解老来得子的不容易，但是这样惯着宠爱，难道就不怕孩子以后不能独立不能养活自己吗？每次我跟姑姑说不要这么惯着萱萱的时候，她总是跟我说："不能养活，我们养！"姑姑和姑父是双薪家庭，比我们家条件好太多，说这话我也无力反驳。

　　去年表妹大学毕业，开始到各个公司应聘，每份工作还没做到半个月就辞职了，做得最久的工作也不过四十几天。今年三月份的时候，接到父亲电话，说姑父患了骨髓瘤，正在医院做化疗。我和我妈去看姑父，看到姑姑一脸愁容。

　　而那时的萱萱已经辞职，在家待业。姑姑见到我后，央求我帮忙给萱萱找份工作："不求工资多高，能养活她自己就行。这孩子，实在是没办法了，再做不好，我们就不管她了。"我在心里想，当初不是说你们养吗？看着姑父病情那么重，我把这话咽了下去，只好答应姑姑帮萱萱找个事做。

[7]

　　我不再相信"除了父母，谁能接受最差的你呢？"这句话。别逗了，谁能接受最差的你呢？即便是你的父母，也不能接受最差的你。你二十好几，游手好闲，无所事事，伸手就问父母要钱，以为父母养育我们是天经地义，父母能不烦你吗？父母老了，哪能养育我们一辈子呢？

　　人生的很多事是不可预料的。一场飞来横祸或是一次突然的天灾，都有可能使我们随时离开这个世界。父母老了，更是有随时离开我们的可能。我们拼命变好，除了让别人接受我们以外，起码得让自己能够接受自己啊！

　　无论是亲情，还是友情，爱情，只有你足够好，你才能够被温柔相待。只有你不那么差，这个世界才会对你不那么差。越长大，我们越会感受到成人世界里的冰冷与无奈，也会更加懂得社会的生存法则。

小时候，即便你成绩不那么突出，也不是可以影响到你交朋友。只要你性格活泼，照样有人和你玩儿。当然，父母更不会因为你成绩差，就不把你当作他们的孩子，依旧把你看成心肝宝贝，宠你爱你。

长大以后，我们沿着各自的人生轨迹奔跑。越是优秀的人越是可以结交到优质的人脉，进而进入更加优秀的圈子，变得更加优秀。弱肉强食的社会，只有你更加优秀更加强大，才会拥有更多的话语权，也才会有更多的自由感。

[8]

前几天走在路上，被人迎面叫住了，原来是羊羊，我险些认不出来她。去年的那个自称又黑又胖的女孩儿就像是被施了魔法，变得清秀白皙而又亭亭玉立。我记得，她说过自己不穿裙子也不穿高跟鞋。可是眼前的她穿着高跟鞋和美丽的裙子，还化着淡妆。要不是她主动叫住我，我还真以为是另外一个人呢。

羊羊听我这么夸她，露出了自信的笑容。通过努力，羊羊已经考过了教师资格证，现在正在准备研究生考试，未来想成为一名大学老师。我不由地在心里感慨这个姑娘的悟性和执行力之强。

"那个你暗恋的男生呢？"我打趣道。

"他向我表白了，我深感意外！"看到羊羊一脸幸福的笑容，我由衷为她感到开心。

我们大多数人可能都是《初恋那件小事》里的小水，相貌平平，能力也平平。正因为我们都是平凡人，遇见爱的时候，我们也会心动，但是却又自卑不已。但是没关系，只要努力改变，变成闪闪发光的自己，那个差的自己自然就会离去。

别逗了，别再觉得接受那个最差的自己的人是你的真爱了。你那么low，吸引来的也只可能是很low的人。没人能够接受最差的你，就连你自己也不能接受。努力让自己变得美丽又温暖，独立又坚强，要相信，所有的美好都会主动向我们靠近。

努力是正常 的生活状态

想起以后的生活，时常会有一种危机感。想到二三十年后的自己，挎着菜篮，从农贸市场里走出来，走向公寓楼中的一个小小格子，而后煎炒烹炸，等着老公、孩子回家。

这样的场景其实并没有什么不妥，也许还带着点烟火的暖心。但是，想到"一辈子就这样了""平平淡淡过日子"之类的念头，心里总有些隐隐的惶恐。

于是想尽力改变，把"努力""奋斗"等字眼贴在书桌前，尽力践行，并发现，在努力的身影之后，仍描不出未来的清晰模样。

后来我想，谁不是在努力呢。演员努力拍戏，作家努力写书，是努力；清洁工努力把马路扫得干净，服务员努力把盘子端得平稳，也是努力。

才发现，我们是不是对自己挑灯夜战的身影感动过度了，才向生活提了太高的要求，才对播下的种子寄予了太高的期望？

坚持锻炼，大多数人并不会由此成为运动健将，拥有魔鬼身材，也许它只是给你一副相对更健康一点的身体，让你平平安安地躲过下一次流感。

苦读一年考上了公务员，大多数人并不会从此踏上政治舞台，成为官场上呼风唤雨的人物，也许不过是得了一份可以安心干到老的工作，过年过节亲友聚会，腰板稍微挺直一点。

保持读书的习惯，大多数人并不会成为作家文豪，也许它只会让你在十几年后，一个老公和孩子都不在家的周末下午，可以不无聊地度过一段独处时光。

勤于思考，吸收学人的智慧，纠正自己的错误，大多数人并不会成为公知和舆论领袖，也许不过是在社会掀起下一次"抵制××"的时候能够分清楚相干与不相干，在下一次"抢盐""抢板蓝根"的时候，有自己的判断，不惊慌失措，不人云亦云。

学几年英语背上万单词，大多数人并不会成为外交家，也少有出国的机会，也许不过是某日朋友送你一套从国外带回的护肤品，你能够看得懂说明，不会把眼霜涂在脸颊上。

练几年乐器考过了十级，大多数人并不会进入交响乐团，全球巡演，也许不过是当自己老了，儿女带着孙辈们来家看望，你能够让子孙围坐身旁，用手风琴拉一曲《喀秋莎》。

没有人说努力就会成功，但总有人说：不努力就会平凡。我想，大概努力没有什么了不起，努力是正常的生活状态。许多努力的终点，就是好好的——平凡。

也许，大多努力，不过是帮助我们把平凡的日子，过得稍微顺畅舒心一点。让我们，做个更好的普通人。

好的人生，
上不封顶

曾有两个同事A和B，来自同一所大学，同届同系。

在一个单位，这算挺近的关系了，按说该结为死党才是，然而他们并没有。

因为A骨子里有点瞧不上B。

A是本市人，家境不错，大学刚毕业就车房齐备，人也比较清高，不屑与常人为伍。而B来自外省农村，住单位宿舍，每个月发了工资，第一件事就是汇一半给读大专的妹妹。

可能因为出身不同，B压力比较大，工作特别卖力，连着两年都是单位的优秀员工，领导给的评语是"特别能吃苦，特别能战斗"。而A则热衷于喝酒玩游戏，常因为喝大了不来上班，周末若遇临时加班，也是百般推脱。

一般聚会或者打车，都是B跟我们抢着付钱，A的常态就是坐在那里岿然不动冷眼旁观。

后来B考上研究生，A也借母亲的关系，去了更好的单位，俩人一起辞了职。

当时有位同事私下感慨说，真是同人不同命啊，B那么努力地考研，毕业也未必进得了A的单位，而A不费吹灰之力就已经站上了B的终点。

我们领导就摇头，说不对，从他们的能力、心气为人看，A现在是到顶了，但B还有很大的上升空间，B的人生，起点低，上限高。

果然，现在十年过去，A还在那个单位原地踏步，而B已经是一家上市公司的高管。

这个社会流行"起点论"。

人们特别喜欢说，看啊，那个谁，他爸是谁他妈是谁，所以他现在活成了谁。没错，一个人的起点很重要，如果能从一个高度上起飞，飞得高的概率自然要大很多。

但是有很多人，有父母加持，有亲友相助，天生就站上了高起点，可惜他的能力、心气不足，自打上了路，就在一直一直往下滑，那个起飞点，可能就是他的最高点。

也有很多人，比如马云刘强东，农村的泥坑里长大的，起点低到不能再低，但他们够聪明够努力，一路拓展人生的上限，于是能够扶摇直上，越飞越高。

雄鹰从谷底起飞，一样可以冲天。而母鸡就算在云端起步，也只能步步滑落。

其实，我们很少会仅仅因为一个孩子出身差起点低，就断定他必然没出息。但如果一个年轻人整天热衷于喝酒玩游戏，视工作为浮云，那么就算他的出身再优越，我们可能也会暗叹此人烂泥糊不上墙。

所以，一个人有没有前途，关键真不在于起点，而在于他有没有上升空间——也就是他的上限有多高。起点是加分项，而上限是决定因素。

那么，是什么决定了一个人的上限呢？

其实有很多方面。比如智商、情商、人品、上进心、努力程度等。

你的智商高人一筹，人生的上限就要高出一截。

你善于为人处世，上限又要高一截。

你肯吃苦，也给上限加分；读书多、学历高，加分；眼界广、境界高，加分；抗压能力强，加分；有一技之长，加分；广交朋友，加分；有情有义，加分。

反之，目光短浅、贪玩懒惰、小肚鸡肠、自私冷漠、不学无术，都是减分项，都会拉低你人生的上限，收窄你的上升空间，使你抬头便是天花板。

人是多维度的，你的每一个优点都是发动机，推动你向上拉升，而每一个短处，都是包袱，拽着你向下滑落。这两者的合力，决定了你最后的高度。

前几天有读者给我留言，说：月亮姐，你相信努力就能成功吗？我以前特别信，现在不信了。我在一个酒店做了三年厨师，一直很努力，基本每天都是最晚吃饭最晚睡觉的，这次厨师长辞职，我本以为会让我干，但昨天经理说要让一个才来俩月的人做厨师长（他是总经理的亲戚），还说我没学历，不会管理，干不了。

我真的很受打击，这社会，农村孩子真是没前途没出路，努力有什么用呢，人家随便一个借口就把你打发了。

我给这个读者讲了A和B的故事。我说，其实并不是农村孩子没出路，只是我们要付出更多辛苦才能找到那条路，你从山底起步，而那个总经理的亲戚从山腰出发，今天你可能拼不过他。但是你继续努力，五年八年以后，局面就会不同。

你努力修炼厨艺，每道菜都比别人做得好吃，你的前途就比别人光明一点。

你学历不高、不会管理，这可能确实是你的短板，那么，多读点书，多向人学习管理经验、处世技巧，你的前途又会光明一些。

当你把拖累自己的短板尽量补齐，把推动自己的长板尽力拉长，你的前途就广阔了。

我不相信努力一定成功，但我相信努力一定有用。它的用处就是：拓展你人生的上限，让你的未来有更大的上升空间，有更多更好的可能性。

一个人从哪里起步是命里注定的，我们无法选择。而人生的上限，却可以经由努力不断拓展。

起点低是天然弱势，但抱怨没有任何意义，倒不如趁着年轻，多想想自己上升的动力在哪里，如何使它更强劲，再想想自己的短板是什么，要怎么摆脱，不被它拖住。

这世界有阶级分化，有与生俱来的不平等，但对于多数人来说，决定你飞得高不高的，是你的能力和努力，而不是那个最初的出发点。

有的人十六岁就到达了人生的顶峰，而有的人六十岁还在有条不紊地进步。

好的人生，上不封顶。

你都没熬过，怎么可能 过上想要的生活

[1]

公司新来了一个实习生，清华的小姑娘，叫阿酱。我和她年纪相仿，每天在一起吃饭逐渐熟悉了起来。

阿酱有个男朋友，她称之为"少爷"。"少爷"是她的心肝宝，和她同届毕业，两人已经买了婚房订婚了。

我看了下"少爷"的照片，长得有点像老气版杨洋——还挺帅的。

我问阿酱，为什么叫他"少爷"。阿酱说"他就这样，仗着自己家里条件好就有点少爷脾气"，言语间不是嫌弃是宠溺。

其实吧，长得帅智商高家里条件还好，这样的男生，该有点少爷脾气……搁我我也喜欢。

说实话挺羡慕阿酱的，清华念书，一毕业就找到如意的工作，还有如意的老公。

不过她说，她们班里有一白富美，投行实习三个月跟一同事好上了，恋爱半年私人飞机上被求婚。我想大概，高智商、家境好又美又年轻的清华女，嫁得好的不止奶茶妹一个——也许她还不算嫁的最好的那个。

[2]

阿酱是广东人，家境普通，长的普通，大概在阿酱的朋友圈里，她也就是很普通的那一个。

阿酱周一到周五在公司实习，周末去"少爷"自己开的密室逃脱店里帮忙，间或还得写论文，最近基本上每天都熬夜加班。

我问她天天熬夜加班这么忙累不累，她说不算累，读书的时候就已经练就了熬夜的本事，习惯了；而且，她在投行工作的同学还有更累的，连轴转三四十个小时是常事。

看得出来，阿酱对自己的生活状态挺满意，她拥有着自己想要的东西。

以前我总觉得，女孩靠自己努力，并不一定成功。

上了大学以及毕业之后，我们会更明白：你拼了命努力干得好，真还不如那些出身好、长得好、嫁得好的，这些空穴来风的资本，让某些人免去了很多努力挣扎。

现代社会价值体系下，可能崇拜的是白富美的阶级人群。白、富、美这三点，对于一个年轻女孩儿来说，百分之八九十都来自于天生资源，天赐或幸运。

有的人出身比我们好，长的还比我们漂亮，从小接受好的教育，长大后，她聪明伶俐有教养，智商情商都不赖。

我们拿什么跟她比呢？

可是，我想阿酱会说，我们需要和她比吗？

最近很红的段子手薛之谦说：以前我总觉得这世界不公平，后来我才知道，这世界就是不公平。

成长，大概就是学会接受这种不公平。

不经历疼痛，哪有成功的蜕变

[3]

你奋斗了十年确实不是为了和谁一起喝咖啡，也不用和谁喝咖啡；你就是你，承认这种公平，再按照自己的人设、自己的方式，在这样既定的事实下努力，去奋斗，实现自己哪怕是一点点微小的理想。

也许你的梦想是别人毫不费力就触手可及的，但你就是你，上天就是给了你一个普通人的人设。没什么大不了，想要，只是需要比别人走的路多一点点而已。

不要问我为什么不公平，为什么别人一生下来就这么容易达到目标而我却这么难？

于他们，我们确实晚了很多年，但我们不能理所当然的晚了。

王思聪说，感谢上帝给了我一个容易的人设。你的通关人设只是比他难一点，没什么大不了的；况且如果真的通过，那该是件多好的事！

毕竟，超级玛丽和英雄联盟玩穿的意义是完全不一样的。

[4]

我以前公司的领导叫璐璐，今年28了，工作基本上没到晚上九十点是不走的。

我们还老是调侃她："又不下班啊？怪不得你没男朋友。"

璐璐笑笑，上完洗手间就回工位工作。

我离职的时候她告诉我，公司今年新三板上市后，她就去老板的新公司任职品牌总监了——这是她一直以来的规划，如愿了。

前公司的leader在我的《女孩子是否应该去大城市闯一闯》底下评论：其实北京是一座努力就会有回报的城市，只不过有些人太浮躁了。

我才知道，左手是时尚干练的市场总监，右手是幸福靓丽的新晋辣妈，看起来光鲜亮丽的白富美leader，并不是天生的人生赢家，想当年刚刚留学归国后的她，也是从北漂开始的。

直到现在，忙起来熬夜加班也是常事。

刚来北京租房的时候，室友叫晓燕。

晓燕高我一届，从普通员工到成为部门领导的秘书也就用了一年。她像所有女孩一样爱漂亮，不过天生有些瘦小，相貌并不怎么出众。

后来她告诉我，她小时候家里很苦，母亲是聋哑人，她出生后由于是女孩父母差点把她遗弃。后来她被送到舅舅家抚养，长大后读书的学费都是舅舅家出的。

一路走来这么多坎坷在她脸上却一点也看不出来，她有时会熬夜做PPT，自信努力，工作得力，与男友的感情也是从青梅竹马到瓜熟蒂落。

上次她男友来，做了一桌子川菜，特别好吃。

我所知道的，那些努力过的姑娘，最后都无一例外的，拥有了自己想要的生活。圆满，幸福。

唯有拼尽全力，才能脱胎换骨

2016年12月24日，2017年研究生考试第一天。别管怎样，小女儿总算进了考场了！心里一块巨石，总算落地了！可巧去学画画的路上，手机突然有短信，赶紧打开，原来是联通公司，通知我话费不多了，还以为是小女真的弃考了！

就昨天晚上，天已经黑了，再过十几个小时就要进考场了，小女儿还在打退堂鼓励。明显的考前焦虑症，做什么都不会，背什么都记不住。可是，在向我哭诉了一阵之后，小女依然坚持去自习，一直到晚上十点多才从自习室回来！

一年来，小女儿去上自习，连手机都不带！在我们蹲马桶都离不开手机的时候，她能做到这样，要有多大的决心和毅力呢？

我不知道，一个人要有多努力，才能让自己不失望；我也不知道，一个人要有多大的勇气，才能经得起这样心理的起伏和煎熬！但我相信，一个人所有的努力和付出，没有一点会白白浪费！

下午，我一个人坐在朦胧的阳光里，想着小女儿一会儿又进考场了，心里七上八下的，怎么都坐不住。不想看书，不想看电视，不想听音乐，也不想出门。只想默默的，给女儿传递哪怕一点点的心理支持。于是，我开始静坐，向我知道的所有的神灵祈祷。很快我便释然了，上天从来都不会辜负任何一个勤奋刻苦的人，何况我已经这么出色的小女儿？

我勤奋刻苦的小女儿，这一年被折磨得几近疯狂，就昨天晚上还在不停地读英语、背政治。状态好的时候，她如饥似渴，状态不好的时候，她也怀疑自己，也打退堂鼓，也歇斯底里地发疯！但每次都是发泄一下，又赶紧去自习。

有时候我也想，为什么我的女儿活得这么累，人家没考上大学的孩子，不一样活得好好的吗？可是我女儿不甘心，她拼命地要求上进，拼命地想考北京对外经贸大学！

一个人这么努力，到底为了什么？是为了父母，还是为了自己？是为了换取成功，还是为了超越过去？是为了改变命运，还是为了挑战生命？

我问过我女儿，她说都是，又都不完全是。有时候这么努力，就是因为不甘心！不甘心自己就这么，开始了自己波澜不惊的一生。她说有时候觉得，人生就是爬山，当你达到一个高度的时候，你总想试一试，看看自己还能不能攀上更高的高度！

那天和朋友一起吃饭，他三个儿子都没上大学，都已经成家立业了！而且他的大儿子，不但自己在济南买了房子买了车，还把他最小的弟弟也带到济南去了。

儿子没上过大学，我这朋友又没有万贯家财，他儿子凭什么在济南买房买车呢？

他说，当初他儿子没什么本事，也只能出去打工。在南方一个工厂做电焊工，遇到一个女电焊师。那女电焊师特别牛，她闭着眼睛焊接的东西，你都摸不出哪儿是焊口。

他儿子不服气，她一个女人家能做到的事情，我肯定也能做得到！于是，为了让女电焊师收他做徒弟，只要那个女电焊师来上班，他儿子就不离她左右。终于，经不起他儿子的软缠硬磨，那个女电焊师收他儿子做了徒弟。

然后，那个女电焊师说：电焊是有技巧，但最好的技巧就是永远不讨巧！练得多了技术就好了，就这么简单！从此，他儿子就开始了自己的疯狂训练！电焊工地上，你只要肯干，就有干不完的活！为了拥有一流的电焊技术，他儿子几乎拼命了！

别人吃饭的时候他在焊接，别人睡觉的时候，他还在焊接！别人打牌玩手机的时候，他也在焊接！大家都说他傻，做再多老板也不多给钱，何苦呢？可他儿子说：我是在拿老板的东西练本事、练技巧！只要老板不反对，我就不停地焊！

结果，他不仅拥有了一流的焊接技术，还因此赢得了老板的信任，一下就从一个普通工人，做到了分厂的厂长，从而也赢得了一流的人生！

"画不要急于求成，也不要急于成名成家。人一生的精力是有限的，能集中精力在某一点上有所建树，也就不枉此生了。"这是喻继高先生说给他的学生袁传慈的，其实，这一句话，值得每一个有追求有梦想的人深思。因为，无论做什么，急于求成和投机取巧，都是成功路上的大忌。

去年，一个朋友的儿子高考，分数420多分。他想上学走，却又不满意他报考的那些学校。在犹豫不决的时候，他打我的电话。我就问他，你上大学是为了什么？是为了尽快把大学上完，还是为了更好地提升自己？

他当时很迷茫，我就告诉他，如果你只为上大学而上大学，随便读个学校就行。但这样做的结果就是：三年四年之后，你可能连一份像样的工作也没有。如果你想好好提升自己，那么就去复读！因为这个时候，你将就一会子就等于将就了一辈子！

他犹豫再三，还是决定去复读！

当你拥有了真正的实力，你就拥有了面对一切的勇气，你不用仰人鼻息、看人脸色，也不用畏首畏尾、小心翼翼！

北京的房价高、济南的房价高，而且还一直在涨价，但是，依然有人买得起！有实力当然不怕房价高，也不怕物价高；有实力当然不用担心娶不到老婆，不用担心孩子上不起学，也不用担心自己老无所依。

就像一篇文章上说的那样：考研也并没有那么神奇，一场考试也不会立竿见影地改变你的人生。即使考上研究生，你也不见得会比你本科就工作的同学混得好。与结果相比，请更好地享受整个过程，迷茫，痛苦，无所适从，奋起直追！而且，考研远不是两天12小时的考试，更多的是一种成长，谁都无法拒绝长大，与硕士学位相比，考研过程中你学习的东西，才会真正使你受益终生。

其实我觉得，考研的过程，就是一个心理蜕变的过程，经历了这样的过程，你就拥有了面对一切的勇气！经历了这样的过程，你的世界，从此就云淡风轻！

实在忍不住又想起一则小寓言：同样的两块石头，一块因为不能忍受精雕细琢的痛苦，情愿做了庙门前的一块铺路石。另一块经受了精雕细琢的痛苦之后，成了庙里尊贵的佛像。不能忍受一时苦痛的，每天都要忍受被百千人踩踏的痛苦，忍受了一时痛苦的，每天在享受百千人的虔诚叩拜！这就是差别！

上天不会辜负任何一个勤奋刻苦的人！世界上最近的路，就是脚踏实地、全力以赴，一直向着自己目标奋进的路！

$$
\begin{bmatrix}
\text{你努力的样子} \\
\text{可真好看}
\end{bmatrix}
$$

谁说拼脸就是拼五官的？我们之所以还有气质和气场一说，就是因为内在美也完全可以洋溢在脸上，为你的整体形象加分。生活处处要拼脸，而一张有得拼的脸，包括我们的才华、教养和体面，这才是我们需要为之努力终身的目标。

我最近被晓梅溅了一身"鸡血"，尽管她的努力曾经感动过我。晓梅是家境一般的小镇青年，用她的话说，她不是缺钱的孩子，但属于总是不太够用的那一类。她大学毕业留在京城七年，去年在燕郊买了套两居室，自己的薪水中需要划出大半付房贷。晓梅的压力又大了许多，于是换了工作去尝试新职位，虽然这对于任何职场人士来说都是项挑战，但晓梅很轻松地说："新行业更有发展前景，而且赚钱多。"有没有前景要看天时地利人和，还需要我们有与之匹配的能力，但后一条却最具吸引力。

我问："你是不是也应该考虑谈场恋爱，找个男朋友，我觉得这对你也很重要啊。"晓梅回答："爱情是等来的不是找来的，这话可是你说的。"我上上下下打量了一番晓梅，然后才说："你穿七年前的牛仔裤，素面朝天脸上有痘痘，鞋子是不是名牌不重要，重要的是它很脏，长发披肩也好看，可发质毛糙很久没护理过，我让你这样等爱情的？"晓梅笑了："你眼睛好尖啊，我也知道自己生活得越来越糙，可真是忙得没时间捯饬，之前租房一年搬家N次，就想赚钱买房安定下来，可买了房发现压力更大，舍不得买新衣新鞋了，我又没有人可以依靠，只能靠自己。"

晓梅这样的姑娘很多，她们或许读的不是最好的大学，也没有优越的家境支持，甚至没有人可以商量帮忙，却留在大城市和最好的一群人比拼。我欣赏和佩服晓梅她们，北京从来不缺少努力和故事，晓梅的努力里带着倔强的拼劲，故事里带着独立的精神，她们才是这个城市的中流砥柱。尽管她们中有很多人并不这么认知，总是喜欢把自己归为"北漂一族"，即便赚到了可以满足生活的钱，还是不能真正融入曾经让自己无限付出过的都市。她们大多住在城市的外围，心也时常游离在边缘，忙的时候忘记自己，闲的时候没有自己。

整整一年晓梅都是满满奋斗状态，各种签名都换成了口号，微信朋友圈里全是各种会议各种应酬，各种我看不懂的工作内容。我一度想屏蔽她的微信，常常是一打开微信都是她刷屏看不到别人的。有时候跟我微信也发大段英文，害的我百度很久单词才看明白，原来晓梅为了提升自己报了口语班，拿我练练手。她承诺的一顿饭要等三个月，迟到一个半小时，结果我还没吃饱，她又看了看时间说："我一小时后还要赶到国贸见客户。"我说："以后忙成这样就别约朋友吃饭了吧，我一看你忙成满头包的样子，就没有了任何聊天的欲望。"

前段时间我遇到一个不错的男孩，第一个想到的就是晓梅，于是给彼此约了时间见见面。结果晓梅还是迟到了半小时，男孩事后给我打电话，婉转表达出晓梅好像无心找男友。我让晓梅在原地等着，赶到那里的时候，还等她打完两个长长的电话后才顾上跟我说话，我当然知道晓梅不可能无心找男友，几个月没见她，我也觉得她变得陌生。总是宵夜谈事让她发胖，还穿了一件黑色分不出腰围的半长裙，本来不高的她显得更矮，乐福鞋上露出半截短袜，素颜真是掩盖不了憔悴。我特别不明白，当脸色不能再青春的时候为什么就不能化点妆？听到男孩的意思后，晓梅显得很委屈："我真是特别重视这次约会，可

不经历疼痛，哪有成功的蜕变

路上太堵才迟到的，昨晚忙得只睡了三个小时，脸色是有点差……"

我终于很不礼貌地打断了她："约会提前一星期就告诉你了，路上天天都堵，男孩是来找女朋友的，不是来评估你有多努力工作的。"许久，晓梅又嘟囔了一句："脸就那么重要吗？外貌协会的家伙也好不到哪里去吧。"我回答："我们所有人都是外貌协会的好吗，何况人家男孩提前半小时到，又主动买了单，给我打电话也是夸你独立有个性，人家除了脸好看，我还看到他的内在也好看，你口口声声说自己多努力，可生活需要你拼脸的时候，你努的力呢？"晓梅不再说话，她也知道，自己至少错过了一个本可以谈谈情说说爱的机会。再后来听别人说晓梅又换了工作，她没有跟我说原因，只是朋友圈里沉寂了很多，壮志豪言渐渐换成了深奥哲思。在我看来，那同样没用。

我们生活在看脸的时代，脸很重要，可这个"脸"字除了五官和外在细节，还包括我们做人的体面和生活的姿态。体面就是教养，是我们选择做更好一点的人做出的努力，是向这个世界传递善意和温暖的机会，这样的坚守比任何努力都有意义。姿态就是腔调，是我们活着应该具备的尊严，是向别人展示独立和信仰的一种无声的语言。面对生活如此热情不减，不卑不亢，不低头不认输，不焦虑不慌张，周身自然散发出的淡定优雅的气场，比任何才华都更才华，比任何漂亮都更漂亮。我们也唯有具备了这样一张"脸"，输是一种成长，赢是一种底气，怎么着都是人生的一种双赢。

我经常被那些号称努力的人溅到一身"鸡血"，也被加了"鸡血"的鸡汤弄到无语。身边好多努力活着的人，有点样子的生活却少之又少，好多标榜自己优秀的人，有点情趣的日子却基本看不到，情感更是莫名其妙到遇到的永远不是你想要的。为什么？"鸡血"其实是内心浮躁的分泌物，全是自己忽悠自己。你努力你还焦虑，是因为你缺失目标需要的才华，你忙到有房有车还无脸面，是因为你缺失对生活的敬意。别再拿钱说事了，奢华遍地却难见教养，努力声声却不见体面，有钱的人可能没底线，没钱的人可能没样子。不是你在大城市你就得拼到脸面都不要，只要钱才算成功；不是你在小城市你就甘于庸碌，活着就是抱怨。而这之间的差别就在于，一张脸，一张被世界记得，被生活需要，被别人喜欢的，好看的脸。

也能够写在脸上的才华，才是真的才华，一张越努力越漂亮的脸，才真正有得拼。

我们都曾不堪一击，
我们终将刀枪不入

爱过，错过，都是经过。好事，坏事，皆成往事。

5岁，她指着橱窗里一个精美的芭比娃娃说："妈妈，我喜欢这个娃娃，我想要她，我会好好照顾它。"

妈妈说："你很快就会玩腻的，然后抛弃她。"

她坚定地说："不会的。"

15岁，她喜欢绘画，但由于手指天生畸形，画笔拿不稳，许多细节很难体现。

老师安慰她："没关系，遇到美丽的风景，即使没有办法留下来，铭记于心也很好。"

她想了想说："有办法。"

25岁，她爱上一个男孩，但是男孩并不爱她。

她说："在你幸福的时刻，我绝对不会出现。但如果有一天你不幸福了，我永远都在。"

男孩不在意地笑，用调侃的语气问她："你知道永远有多远？"

她咬了咬嘴唇说："一辈子。"

35岁，男孩结婚了，新娘不是她。

她做了出人意料的决定，毅然辞去稳定的公务员工作，卖了唯一的房子，去环球旅行。

朋友们都劝她："何必呢，谁都没有办法随心所欲地选择自己的生活，为爸妈想想，顺从命运，找个男人平静生活吧。"

她摇摇头说："可以选。"

45岁，她完成了两次环游世界的旅行，出版十余本摄影图集，本本热卖。

她甚至带着父母一起去了许多国家，最畅销的一本摄影书籍便记录了他们共同前行的身影。书的扉页上，是三口人依偎着的灿烂笑容。

她无法拿起画笔，却换了一种记录世界的方法。

也有人在网络上冷嘲热讽，说她出版这么多书，如果不是为了圈钱，还能是为了什么呢？

55岁，当初的男孩，如今的男人，突遇车祸高位截瘫，妻子卷了财产，弃他而去，只给他留了间空房与一个刚上大学、尚无收入的女儿。

她去找他，20年未曾再见，重逢时却是换了模样。

昔日的青涩少年如今歪着头，流着口水，浑身散发着腐烂的气息，坐在轮椅上一动不动，望着她泪流满面。

她也哭了，说："我来了。"

65岁，有流言传出，说她照顾男人多年，无非是为了男人名下那间唯一的房子。

男人的女儿也渐渐听信了这些传言。尽管这么多年，从大学到硕士的学费都是来自她默默地汇款，然而看向她的眼光还是多了几分异样。

了解她的朋友则劝她："趁着男人意识还清楚，跟他登个记，房子就算是夫妻共同财产。等他去了，好歹也算没白忙一场。"

她笑笑，说："没必要。"

75岁，男人含笑而终。离世的时候，面色红润，头发梳得一丝不苟，身体洗得干干净净，躺在洁白的床单上，床头一束新鲜的百合还在滴水盈香。

不经历疼痛，哪有成功的蜕变

律师宣布遗嘱，男人把房子留给了她。她拒绝了，请律师将房屋卖掉，一半留给男人的女儿，一半捐赠给慈善基金会。

女儿跪在她的面前，流着泪请求她的原谅。

她抚摸着她的头发，俯下身亲吻了她的脸颊。

她温和地说："没关系。"

85岁，她出版了人生最后一本摄影图集，里面满满都是这些年她为男人拍摄的照片。

在轮椅上侧头听她读书的，微笑着赏花看海的，在床上安然熟睡的，在餐桌旁张大嘴巴向她索食的，靠在她怀里静静流泪的……甚至还有费力向她做鬼脸的有趣表情。

书的最后一张照片，是男孩15岁时的一张照片，穿着白色的衬衫，阳光下他看过来，露出年轻明朗的灿烂笑容。

她在下面写："我爱你。"

95岁，她坐在院子里的摇椅上，在阳光中眯着眼睛。女儿站在她的身后，为她轻轻按摩着肩膀。

她的怀里抱着5岁时那个芭比娃娃。

娃娃的衣服已经洗得发白，但她依然紧紧地握着，唇角露出幸福的微笑。

透过眼前的一丝微光，她似乎可以看到，自己墓碑上简单的三个字——

做到了。

对于许多人来说，所有的抛弃、冷漠与遗忘，都可以被归给时间这只替罪羊。

然而时间平静而公正。它可以为了丑恶与失败，沉默地背起黑锅；也可以为了善良与成长，挂上荣耀的勋章。

画家常玉生前不被赏识，在穷困潦倒中离世，若干年后画作被卖到过亿的天价，时间为他证明了其创造的艺术价值。

秋田犬八公与主人萍水相逢，主人再也未从涩谷站口出来，它站在风里一等就是8年，时间为它证明了一条狗也可以为情谊坚守。

蒙哥马利将军爱上了遗孀贝蒂，她病逝后，他终生未娶。连丘吉尔都说："整个英吉利都不希望您是孤独的。"然而他说："爱上一个女人就不能再爱上另一个女人，就像我手中的枪，只能有一个准星。"时间为他证明了爱情的唯一和永恒。

不要害怕时间。如果心似磐石，分针秒针就只是忠实的目击者，记录下每一点辛苦与投入。

也不要忽略时间，一声声滴答不只是冷漠刻板的旁观，更是温暖而认真的催促：华年易逝，华年易逝。

时间是鲜红的铭章，是刻骨的伤疤，是功成的鲜花，是永恒的碑文，是主人都不曾记得的一本私密日记，多年后偶然翻起才发现，自己居然曾写下那么多醉人的字句，留书成传，一生足矣。

莱蒙托夫有首诗这样写道："一只船孤独地航行在海上，它既不寻求幸福，也不逃避幸福，它只是向前航行，底下是沉静碧蓝的大海，而头顶是金色的太阳。将要直面的，与已成过往的，较之深埋于它内心的皆为微沫。"

璀璨还是黯淡，永恒还是坠落，相聚还是离别，都不必多余的强调。

任这世间百态成妖，风弛火燎，狂浪拍礁。只需静心一笑，安然等待就好。

我们都曾不堪一击，我们终将刀枪不入。

爱过，错过，都是经过。

好事，坏事，皆成往事。

时间会证明一切。

未知才是
生命中的精彩

[所有不满的后面，都有一个你认为的应该]

"应该"是痛苦之源。没有人会完全按照你的标准行动。

有一种深渊叫"应该"。如果仅仅因为对方是你的父母、孩子、姐妹兄弟、叔舅姨姑、朋友、爱人，你就认为他们应该为你做什么，就必须对你负责任，因为他们没有满足你的期望，就得背负理所当然的谴责，也就是所有和你有关系的人，就自然而然地欠了你一生，还不清也说不清的债务一样。

我们每一个人，无论对方是谁，得到过帮助，就应该学会感恩，没得到帮助，理所应当自己担当，没有人欠你。

当现实和你的预期不同时，先别急着抱怨，而是怀着好奇，问为什么？然后再去改变可以改变的，接受不能改变的。这样长期坚持下去，就不会经常跟自己过不去，跟别人过不去了。

如果在一段关系中，感到疲惫不堪，这关系一定有了问题。

而且问题是：你用了太多的时间对抗、逃避、纠结；你想了太多的应该、不应该、公平、不公平、谁对谁错；你用了太多的精力，想让对方按你的标准和方式说话、做事。

但事实上，每个人骨子里都希望随心所欲，所以人与人之间会有矛盾，而健康的关系是在自律和任性之间找到平衡。

[没有人喜欢被说教，没有人喜欢被控制]

因为当我们想要改变对方时，无论出发点多么好，道理多么正确，其实都传递出了一种气息：我不喜欢你现在的样子，你应该变成另外一个样子。

当我们放下所有的要求、控制、评价，只是单纯观察对方当下的样子，关注他当下的感受，并愿意和这个真实的人在一起，这样才是真正的陪伴。可我们经常的做法是，只要自己认为好的，就要强迫别人按自己的意愿去做；或是违背他人的意愿，以爱之名做伤害Ta的事。

例如，在北京5月份的天气里，妈妈觉得天冷，就让孩子穿羽绒服，但是孩子不想穿，妈妈坚持要他穿。

孩子去学校后，同学问："这么热的天，你竟然穿羽绒服？"

孩子回答道："有一种冷，叫作'你妈觉得你冷'。"

生活中还有一种饿，叫作"你妈觉得你饿"，以此类推，还有"你爸觉得……老婆觉得……爷爷奶奶觉得……"

殊不知，最深厚的爱是尊重对方的意愿。最大的伤害是违背对方的意愿。

只有"助人自助"，才能最有效地帮助自己，帮助别人，没有人真正听别人的道理，人实际上听的都是自己的道理，即便听别人的道理，也是他认同的道理。

人，其实真正听的道理是自己的道理。在任何关系中，我们永远应该要求的是自己，而不是他人。对于他人，我们可以邀请、请求，但最有效的还是通过要求自己、改变自己从而去影响他人。如果一味地对他人提出要求，那就只会出现一个结果：你会常常失望和痛苦。

[未知才是生命中的精彩]

我们总以为幸福是得到自己想要的一切，其实幸福是终于知道：人生得意时少，失意时多；如果能在变幻无常的生活中，学会遇到苦难和不如意时，不对抗、不逃避、不抱怨，改变能够改变的，接受不能改变的，那么人生不管如何跌宕起伏，我们都能活得宁静和谐。

人生的苦乐是我们一系列选择的结果，要相信，你可以决定和把控的，比你想象的多得多。只是很多时候，你以为自己没有选择。很多人都非常希望有个算命先生，告诉自己这一生会是什么样子。在我看来，如果未来的每一天都清晰可见，这一生该是多么无聊无趣！

生命的精彩恰恰在于未知，如果把生命的未知当作一个礼物，每天都会是新的世界，等待我们去探索、发现、感受和创建。

回望我的人生，每当我可以清晰地看到未来时，我都选择了改变，而每次的改变都把我带到了一个更广阔、更美丽多彩的天地，我的人生因此而变得更加丰盈。

人生，是一次可以选择的旅程，我们无法把控环境和他人，但我们始终都可以把控自己。

我见证了太多顽强的生命，不管经历过多么惨烈的事，只要学习、向内探索，都能够放下过去、少忧未来、感受当下，重获心灵的自由。

是那些不曾打倒你的让你变得更强

[1]

我和先生在四年前辞职创业，头两年没有经验，几乎没有赚到钱，身上还压着车贷房贷，这两年我们的工作室走上正轨，有时候我先生会问我，那两年你觉得生活苦吗？

女人的小心机，我很想说苦，好让他感念我陪他创业，一起吃苦，以后更加对我好，但是想了想我还是摇了摇头。

不是装的，确实，因为我先生是一个拥有强大化解困境力的人，他用他的心态和坚韧化解了我的焦虑和烦躁。

那两年我们基本上没有过一天的休息，晚上加班到十点是正常的，九点下班那就跟放假没两样了。

因为租来的房子门口的便利店九点半关门，九点下班还能买一包瓜子带回去就可以一起十点档的电视剧。其实我早累得没力气嗑瓜子了，但我先生总会兴致勃勃地牵着我，买零食看电视，把工作暂时抛到脑后。

生活的考验有时候远比我们想象更加艰难。

后来我们完全不用加班了，因为没有生意了。这比加班到没有多少钱赚要更加折磨人，银行的房贷提醒、信用卡的账单都分分钟让我焦虑，还有突然多出来的大把无所事事的时间。

压力大到我开始频繁地掉头发，晚上失眠，先生担心我的身体，每天晚上带我去跑步，我们坚持了很久，运动给灰暗的生活带来了一种神奇的力量，它没有改变我们的经济状况，但赶走了我心里的阴霾，让生活变得充满希望。

除此之外，更重要的是我先生在毫无起色的困境面前没有一刻停止学习，为了更深入进去我们所在的行业，更了解它的运作法则，不停地学习和尝试。

最后靠着他的力挽狂澜我们暂时摆脱了困境，不论在时间和金钱上都获得了一定的自由，这当然让我们感觉到了生活的舒适，但最让我感觉到踏实的不是钱，是在我先生的带领下，更加强大化解的困境的力量。

[2]

"困境力"是一种生活的能力。

人生路漫漫，谁不曾风雨兼程却一无所获，谁又不曾绝望地不知道下一步该往哪里走。

我见过面临困境再也站不起来的人。

那是我曾经的朋友A，我们大学便相识，又是同乡，算是关系特别好的朋友。

A是性格很开朗的男生，家境不错，个性大方爱玩，人缘很好，身边的人都喜欢他。

大学毕业以后，本该参加工作的A遭遇了家庭的变故，他的妈妈因为生意上的原因进了监狱。爸爸撇下他们母子俩一走了之，。

为了帮妈妈打官司，家里的积蓄花的一分不剩，朋友们都同情A的遭遇，

A时常向朋友们借钱，大家都会尽量帮忙。

但是后来A借钱借得越来越频繁，我们才想起他妈妈出事已经快一年了，他却始终没有参加工作，每天窝在家里看电视，抱怨生活对他的不公平。

他急切地渴望钱，却不肯从任何一份工资低的工作做起，因为觉得那些事情并不符合他的生活档次。他也不去学任何东西，他否定自己，也害怕所有的辛苦。

所以毕业五年之后，朋友们都和他联系变少了，前不久听说快三十的他，依然靠着借钱度日。

一蹶不振和从头再来，有时候只在一念之间。

我曾经在一个综艺节目上对一个满头白发的中年人印象特别深刻，这个中年人曾经是一个千万富翁，家道中落欠了一身的债，他急白了头发。经过几番周折，他又重新站了起来，和妻子一起开了一家早餐店，日子又过得火红起来。

他在节目里唱刘欢的那首《从头再来》，历经苦难又柳暗花明的他唱出了这首歌特别的味道。

那种从头再来的气魄，最终让他立于不败之地。

[3]

从来没有一帆风顺的人生，当你从云端跌落，你还能把生活过好吗？

前不久节假日和大学的同学们一起聚会。大家聊起毕业的这几年，原来大家都经历了不少心酸。

我们的班花L在学校里可是众星捧月的人物，原本高颜值应该是给她加分的，但是她却遇到一个特别偏见的主管，总觉得她空有一副皮囊，进公司靠的是脸。

一个刚毕业的小姑娘，不受主管待见，部门的同事自然不会有多照顾她，什么都不懂的L四处碰壁。

L曾因此焦虑到每天失眠，想换工作又舍不得这好不容易进去的大公司。

作为一个没有存在感的小人物，L战战兢兢如履薄冰，但这都没有让L忘记努力完成好自己的工作。下了班，为了提升自己，L还要去上英语课。

对于习惯了被人捧在手心的L来说那是一段很灰暗的日子，后来机缘巧合下，L在英语夜校碰到了同来上课的主管，加上L对待工作的认真态度，才让主管不再对她有偏见。

现在的L已经是公司的管理层，谈起那段时光，L说了这样一句话：

"我感谢那段时光，因为不曾把我打倒的最终让我变得更加强大。"

纵观这些和我一起毕业的同学，现在过得不错的大都经历过不少风雨，并且坚强地挺过了困境，一步步变得更加强大。而那些在困境里认输的人，依然领着微薄的薪水，抱怨着生活的不公平。

以前读书的时候，老师总跟我们说，你们毕业之后最初的五年会是你们人生最累最困惑又最不得志的五年。没人把你们当一回事，经济拮据，做着最累的活，拿着最低的薪水。大家都一样，但是五年之后，你们之间的差距就会越来越明显。

我现在明白，老师口中所谓的差距，应该就是一个人从困境里成长的能力吧。

能把自己从困境里解救出来的人会走上更高一级的阶梯，而被困境打败的人则会在漩涡里一直打转沉沦。

想要乘风破浪会有时，直挂云帆济沧海，最重要的还是不断磨练自己的困境力，让自己在困境力学会的东西，变成自己无敌的盔甲。

想要任性，那你得更拼更努力才行

一个人只有努力成为更好的人，才有资格任性，才有理由放肆，才有资本去选择追求自己想要的一切。

众人皆知，我和我老大素来"不和"。这种不和更多不是关系上的，而是思想上的。当初刚进公司的时候我就发现，我与他对运营的理解就有偏差，理念也不一致。

我思想更激进，更前卫；他则有些保守，不太敢突破。

因为我接触新媒体比较早，喜欢玩病毒营销，想靠用户主动分享去传播，然后再从大量用户中培养相关受众；他则更倾向于一开始就从目标受众做起，一点一点慢慢积累，一点一点稳步扩大。

当然我能理解他，因为传统的教育行业转型很慢，并没有用互联网的思维去思考问题，他稳扎稳打一步步走来，做得也很不错；很多时候他可以用经历来压人，我却无话可说。

而在他眼里，我可能也是冒失的，癫狂的，这我也清楚。

于是，我俩在会议室里吵架是常有的事。因为意见相左，或者态度不对，爆粗口也时常发生。

比如我说："产品就这样子，不投那么多钱，要那么多量，还想怎么推？"

他回："一点一点推。"

我驳："大哥，咱们是有KPI的。"

不经历疼痛，哪有成功的蜕变

他反击："产品就是不好，好的运营也能卖出去！"

我讥讽："行，您说得对。可就算是不好，咱怎么也得包装一下吧，玩个概念，换个口味吧？"

他坚持："再怎么换，产品的本质也不能变！营销的口味不能太浓！"

我无奈："我就不信了！"

……

我很少用感叹号，但我们对话的语气，除了这个标点我想不出其他的。每次我们基本总是在同一个观点上争执，来来回回就那几句话。

争执时常是好事，说明彼此重视。可时间久了，的确心烦意乱，没有心情做事。时间久了，我自然表现得有些消极。

不久，就被老大发现，于是又被拉出来单练。

"最近怎么不跟我吵了？"他瞄了我一眼，试探性地随口一说。

"吵有什么用？吵了也不被重视。"我顺着话茬，想要借气发气。

"没用就不吵了么，你的价值呢？"他反问。

"如果是你呢？你的意见不被采纳，你怎么做？"他反问，我也反问。

"我会继续坚持。因为我必须在团队里体现价值。"他这么说，其实我早有预见，促进员工积极向上嘛，谁不会？我心里暗自不服。

"别以为我看不出来你的反感。我又不是没在你这职位上待过。"还没等我的逆反心理酝酿彻底，他则当头一棒，"我跟你一样，上头也有人盯着，我的绩效跟你差不多。我的策略其实常常也是上头的策略，我有时也想尝试一下你的想法，但常常上头决策说不冒这个风险，那我有什么办法？"

他看了看我，突然语气又平和下来："你以为咱这个钱是这么轻松挣的吗？我们都不是决策者，所以实话告诉你，你挣的这些钱里，公司买的不单单是你的能力，还有你的忍气吞声。"

我憋了一肚子的火想要发泄，心想你要再跟我吵，我直接不干了。没想到老大直截了当的两句话，让我立马熄火，无力反驳。

"嗯，嗯。"我频频点头。我知道有些话是在安抚民心，不能全信；但他的这些，的确是亲身感悟，戳人肺腑。

许多道理我们可能平时也懂，但这种"懂"只停留在认知的层面，尚未通透。

这两天我不断思考这句话，越想越觉得他这句话说得太对。我以往自信满满，觉得公司选我，无非是看重个人能力，想要通过我的能力为他们获利。所以我才敢吵架，敢任性：是啊，我厉害你能把我怎么样呢？

可单凭我一人，真的有力挽狂澜的本领吗？

没有，除非你是决策者。

那么企业找你来做什么？

做事，而且按照企业想要的方式去做事。

对！企业是靠流水作业生存的，越大的企业越是，每个人更像是一枚小小螺丝钉，所以在他们看来，只要你保证运转正常，不怠工，不生锈，也就够了。

而能力嘛，呵呵，匹配即可。溢出来的部分，更多是为你自身增姿添色，体现你的个人价值，对于公司的整体运转，波动不大。

我曾待过的某家公司，整个营销团队内乱，三十多人的团队基本上只剩三五人做事。

当初商量好一齐跳槽的人，都以为集体的负能量至少可以撼动集团。可到头来呢，不出一个礼拜，公司又引进一个新的团队来，虽然整个月的业绩受到了影响，但整个季度的利润却丝毫没变。

后来才知道，早在这次"内乱"之前，人力就已经准备"换血"了。

当然我不是说能力不行，只是你个人的能力，的确有太多的局限性。最常见的情况，是我们太容易高估能力，而忽略其他。这种过于自我的优越感一旦形成，便容易偏激，容易傲慢，最终误了自己的前程。

能力是基础，但相比于能力，很多公司更看重的是员工的执行力。这一点，小公司不明显，越大的公司越是看重。

而说到执行，这里面必然夹杂了太多的不情愿。包括工作量爆表，包括任务分配不均，包括生活、情感因素，包括老板的做事方式与态度，也包括上文所提到的，你的意见与上级领导的相左。

等等这些，你所承受的苦与累、劳与怨、仇与恨，都应该算你工资的一部分。这部分薪水，就是要你去克服你的负面情绪。

这很现实。上周我去见某出版公司的编辑，她也做了一些知名的畅销书，但让她头疼的是，她目前所在的出版公司，只对重量级的作者费心思宣传，却不会给未成名的作者太多资源，包括广告包括营销，有些书即便加印了，也不可能因此获得更大力度的推广。

在她看来，这种对于新人的不器重，便是她一直不能接受的事实。她一直认为，大红大紫的作者的书卖得好，并不能证明她自身的实力，把一个新作者做成红人，才算本事。

可如果你是决策者，那些知名作者或许会给公司带来足够的收益，无论品牌还是利润。

两者矛盾明显，各有苦衷。

但就目前的状况而言，她并不会走，原因很简单，接连跳槽于她发展不利。

那么这份工资里，除了她的能力以外，一定还有许多的隐忍和不情愿。

好了，与你们说道了一番，劝解的同时，也是希望自己可以变得忍耐一些、理解一些。至少我现在的能力，还没有到达说走就走、走后无悔的地步。

我脑后一块反骨，生性不受约束，唯有寄托给岁月和见识，一点点去磨砺、去安抚。

其实教人妥协的我，是一个极其偏执任性的顽童。

因为任性，我吃过太多的亏，我深知倔强害人之深，所以才不想让你们如我一般，不着待见。

老总监一句话我至今记得：你这种人，生来骄傲，是别人眼中的刺；但你也有你的路，只不过一定要比别人更拼更卖命才行。

如今的隐忍，是为了将来游刃有余的改变。一个人只有努力成为更好的人，才有资格任性，才有理由放肆，才有资本去选择追求自己想要的一切。

一只站在树上的鸟儿，从不会害怕树枝断裂，它相信的不是树枝，而是自己的翅膀。一个敢做敢言的人，也不会轻易被环境左右，他相信的不是运气，而是自己的实力。

鸟儿的安全感，不是它有枝可栖，而是它知道就算树枝断裂它还可以飞翔。

人也一样，或许你有很好的家境，有朋友依赖，有金钱支撑，但这都不是你的安全感，这是你的幸运。

唯有自己内心沉稳，身怀的本事才能够支撑你的整个人生。

[你的年龄和你
想要的实力无关]

1300多年前，传说唐太宗得到一匹烈马，武媚勇敢地提出驯马要求，说：只要给我三样东西，就能降服这马。一支皮鞭，一柄铁锤、一把锋利的刀子。先用皮鞭打它。还不听话，就用铁锤敲它的脑袋，如果仍不能制服它，就干脆用刀子割断它的喉咙。

1300多年后，女星范冰冰接受采访，被问到嫁入豪门的问题时，说：我不需要嫁入豪门，我自己就是豪门。

2014年，范冰冰挑战14岁到80岁的女皇武则天。她扮演的，是一位将美貌与权力相互成就并达到巅峰位置的女人，这个角色身上每个毛孔都充满力量并在男性世界里艰难生存和血腥厮杀的一部女性励志史。

漂亮的女人和不漂亮的女人，感受到的是完全不同的两个世界。一个漂亮女人，从刚刚出落为少女开始，这一生，将注定得到比普通女人更多的青睐，更多的便利，更多的机会。

可是，女人光有美貌，就够了吗？

事物的两面性从来体现在任何地方，美貌亦然。这一把双刃剑，在获得更多福利的同时，也隐藏了更多的风险。

即便走到今天，美人的命运也并未彻底翻身。

上帝将她们投胎在这花花世界，却并没有教她们在享受铺天盖地的赞美之后，如何面对源源不断的诱惑守住自己，又如何用清醒的头脑，去分辨背后的真相和陷阱。

在贵圈，美女最好的结果是嫁豪门，可豪门这道独木桥，千军万马，就算过去，也未必得偿所愿。

而范冰冰和她们不同，她为美女活出一个新的风范：彻底告别了吃青春饭，被人选择和挤破头进豪门的世界，昂首阔步分为三步走，走向一个叫范爷的时代。

第一步为：美貌是最大生产力。有一部电影叫作《撒娇的女人最好命》，不如叫"撒娇的美女最好命"。一个美女，她遇到机遇和垂青的次数永远会比普通女人要多，在这一阶段，范冰冰快速积累起了第一桶金，幸运的赶上了《还珠格格》的好时代，并火速成名。

第二步为：谁是你的朋友圈？

著名美人林青霞的海量朋友圈名单里，是蒋勋，马家辉，龙应台，所以她转型成了作家；

天后赵薇的朋友圈里，是马云，王菲，刘嘉玲，所以她晋身亿元俱乐部女导演；精英和伪精英，三线土豪与低调权贵，风流才子与落魄艺术家，需要你时刻提高情商去区分对待。

在一模一样的觥筹交错里，在惺惺相惜的互相吹捧里，需要你时时擦亮眼睛：不是每一场饭局都暗藏着善意，不是每一杯酒喝下的都是情谊。那往往只是从一个应酬流连到另一个应酬。

同理，在男人眼里，你是最合适的合作对象还是其他，直接决定了他的态度是尊重欣赏还是暧昧不清，这其间的微妙尺度，差之毫厘失之千里。

范冰冰的交往圈，从华谊老板王中军王中磊到业界大佬成龙杨受成，大众并不清楚他们的交集疏密深浅，可是这一路的走势，已证明她从未失过手。

第三步是：做自己的老板。

据说范冰冰工作室给员工的年终红包总是艺人里最大的，据说范冰冰饭量很大，因为这样才能支持巨大的工作量，据说范冰冰应对负面新闻的态度直接就是顺势而为上头条。坊间盛传她有着处女座的拼命勤勉和苛求完美，用在职场里，就是优秀员工典范。

她是真的拼。从1999年到2014年，从低眉顺眼的丫鬟金锁演到前呼后拥的女皇武则天，美女范冰冰，没有躺在美貌的温床上任岁月流逝或任爱情消耗，而是将红颜薄命的古代宿命，变成了美女都是生产力的新时期榜样。

将胸大无脑的科学悖论，变成美女都是高智商的实验场地。她像一个战士，摒弃了柔弱的女性特质，手持这把名叫美貌的剑，将正面的锋芒对准了目标，一路所向披靡开拓疆土建立王国，却没有伤害到自己丝毫。

最近一段时间，还有一位资深美人也频频上了头条，那是60岁依旧美的发指的林青霞。林青霞说：我只是一个永远不甘心停在老地方的人。

二代美女，年龄不同，风格不同，路线不同，但殊途同归：一个美人，如果能越过美貌这道肉身的羁绊，又懂得最大限度的利用美貌，并附加给它勤奋努力增值自身等关键词。那么命运终究回报她的，不是红颜易老，而是更长久的美貌。

因为，这是一个看脸的时代，但最后拼的还是实力。

看脸，一定会让人赢在起跑线上，可是，在以后太过漫长的时间里，当容颜渐渐老去，能沉淀下的真正财富，是一天一天累积下来的阅历见识和个人成长，而不是空有一具皮囊。

这就是为什么：30岁的你已经叫嚷自己老了，而60岁的林青霞，却还能淡定地站在杂志封面，继续当着颠倒众生的女神。

疼痛是成功
的必经之路

每个人都是自己命运的建筑师，

自己的命运永远掌握在自己的手里。

说到底，

所有你认为的那些"命好"，

分明是他人拼尽全力之后的苦尽甘来。

［ 谁的成功之路
不是荆棘密布 ］

［ 1 ］

几经辗转，终于联系上初中时最好的朋友。

二十年过去了，如今，她和爱人经营着一家红红火火的工厂，老家有房有车，还在城里买了楼。每年，他们夫妻二人都会带着一儿一女出去旅游几次。这么富足、美满而又幸福的生活，简直羡慕坏了一众旁人。

朋友人长得不漂亮，文化不高，原本家庭条件也不好，能够过上如此幸福的生活，真是上天的恩赐。于是，提起她来，人们啧啧嘴，感叹最多的话便是："命好啊！"

真的是命好吗？

只记得那年初中毕业，为了给哥哥攒钱娶媳妇，在父亲冷漠的眼神里，学习一向优秀的她哭着把书包换成行囊开始了漫长的打工生涯。从此，我们便失去了联系。

现在，我终于知道了她的故事——在工厂里，她干的是车床工，负责车螺丝，不仅累，还脏。她每天围着脏兮兮的破围裙，浑身溅满了油迹，车床一开，火星子到处飞。这些火星子落在哪，哪就会被烫起水泡，那些没有衣服遮挡的皮肉上，密密麻麻布满了伤痕。

她早出晚归，一天能赚上十几块钱，三四个月开一次工资，都悉数交给父亲。十八九岁的大姑娘，正是爱美的年龄，可她连件像样的衣服都没有。

赶上父亲高兴，会从她的工资里拿出三十、五十给她当零花钱。可一向节俭的她哪里舍得花，这些钱都用来买了书看，为此还被父亲骂过多次，说女孩子读书没用，嫌她乱花钱。

[2]

几年后，她结了婚，夫家日子过得紧巴。孩子六七个月的时候，她让男人种了两亩甜瓜。这样，男人打工赚钱，她一边看孩子一边管瓜。

间苗、掐尖、对花授粉，炎热的夏季，背着沉重的药桶子一遍一遍地打农药。甜瓜长势好啊，一个个水灵灵的，她带着儿子在瓜窝棚里守了一个夏天，幼小的儿子光溜溜的身上总是渗着汗水，被蚊虫不知道叮咬了多少包。

可是，天不遂人愿，快要成熟的季节，接连的暴雨摧毁了她几个月辛劳的果实。她抱着儿子，守着一地烂掉的甜瓜失声痛哭。

屋漏偏逢连阴雨。爱人打了一年的工，黑心的老板工资不给发。要了多少次之后，顶账给回来一批过季的衣服。于是，在那个冬天，她便成了一个"生意人"。每天骑着一辆"大铁驴"，后座一侧挂个大筐，里面塞满了衣服，到处去赶集卖。北方的冬天，天寒地冻，路面结了冰，她常常推着车子"啪"就是一个跟头，疼得坐在地上，半天起不来。那个冬天，她卖完了那些衣服，换回了爱人三分之一数额的工资。

给别人打工太不容易，于是，他们自己做起了收废品的生意。

年轻人都嫌脏，没人干，他们不怕，挨家挨户去收废品。当别人在空调屋子里享受着凉风时，他们骑着三轮车冒着火辣辣的太阳奔波在路上。那一年，她黑瘦黑瘦的，隔着层层衣服，背部还是晒掉了一层皮。

好在，收废品生意让他们攒下了一笔钱。这笔钱成了他们后来的启动资金，两人又做起了玻璃生意。

开始的时候根本雇不起人，她像男人一样，整天搬着大箱的货物装车卸车，天不亮就和爱人开着车去给人家送货。渐渐地生意走上了正轨，渐渐地风生水起，终于在这一行里有了他们的占脚之地。

好日子来了，她终于不用像以前那样风餐露宿，不用再节衣缩食。二十年磨一剑，是她的不认输，让她一次一次超越自己；是她的不放弃，让她经风经雨见到彩虹；是她的拼搏与努力，让她改写了生命的结局，有了令人羡慕的人生。

有多少人生，是因为好命？有多少人生，是因为拼搏？

[3]

想当年，我的大学同学，一毕业就被招聘到一家著名企业。有多少人托关系走后门都不一定进得来，一个农村孩子能够进入这样的单位，除了"命好"俩字，简直没有别的词语可以形容他的幸运。

然而，真正进了单位却不是他想的那样从此鲜衣怒马，过上令人羡慕的朝九晚五的生活。他被分配到"业务经理"的岗位，其实就是销售员。一上班，主任扔给他一张地图、一辆旧自行车，上市场，跑客户。客户跑下来，还要自己去送货，搬搬扛扛，都是他一个人干。

不仅如此，他还发现，办公室里的同事们似乎都有一个靠山：某某科长的儿媳妇，某某局长的外甥女，某某主任的侄子……只有他一个"外来户"，一无靠山，二无背景。

他发现，这些背靠大树的人们，可以吊儿郎当，照样能够领到一份比自己高的薪水。有了加班的工作，他们不愿意干，推给他；有了费脑子的工作，他们懒得想，推给他；有了出门培训的工作，他们怕学了回来增加负担，也推给他。

这是他想要的工作吗？不是！

他不生气吗？生气！

可是没有办法，他知道，能够找到一份像样的工作，进入一家像样的单位有多难。

那几年，他拼命地跑销售，拼命地学习，一句怨言不说地加班加点。那几年，他成长飞速。很多工作，只有他才能轻松处理，很多客户只愿意听他的召唤。

他的才华得到了领导的赏识。在一大批"皇亲国戚"中，他脱颖而出，被选上了部门主任。

很多人不服气，找到领导兴师问罪，都灰头土脸地退了回来。是的，他们只想接受部门主任的头衔，却没有能力接受部门主任的工作。

如今，十几年过去了。三十几岁的他，已经成了当初他所在的那家企业的一把手，在他的管理下，单位工作业绩年年拔节。年轻有为，意气风发，到哪里都是一片赞扬声。

"真是命好啊！"好多人瞅着他的背影，都会生发出如此的感叹！

真的是"命好"吗？

别人只看到了他叱咤风云的光鲜，谁又看到他顶风冒雨跑销售的艰难，谁又看到他在孤灯下加班到深夜，谁又看到他为搞好企业不辞辛苦到处去求人取经？

[4]

　　所谓运气，不过是机会碰巧遇到了你的努力。如若不然，就算天上真的会掉馅饼，砸在从不努力的人头上，徒增的也无非是头疼罢了。

　　对于命运的变化无常，我们总是慨叹太多。发不了财的、升不了官的，都埋怨命运不好。然而，仔细想想吧，过失是不是在于你自己？

　　每个人都是自己命运的建筑师，自己的命运永远掌握在自己的手里。说到底，所有你认为的那些"命好"，分明是他人拼尽全力之后的苦尽甘来。

过好不想过的人生
也是一种成功

我一个好友的父亲在老家开了一家工厂，做的是大理石的开采工作，本身属于危险系数比较高的工种，前几天她给我留言，说工地上一个工人出了事故，工伤的保险又过期了，于是父亲因为赔偿的事情生意受到了很大的影响。

好友告诉我说，本来做了三年的生意已经开始慢慢回本了，这一次出事，感觉一切倒退回三年，家里还得要下一个三年，才能慢慢把生意周转过来。

我本来想着安慰她一句家家有本难念的经，结果她先回复我说，不过换个角度想想，至少我们还活着。

我的这个好友，以前是一个极度负能量的悲观主义者，因为从小跟父母的关系不好，于是对待周围人的关心总是过于敏感，以前跟她一起上学的时候班上所有的同学都不敢的惹她，因为只要稍有不对劲她就会对身边的人发起攻击。

可是这些年下来，她居然也被生活磨成了一个圆润的姑娘，而且开始知道换一个角度去对待一件事情，要知道如果是以前遇上这样的事情的话，她早就跟我哭诉人生的艰难以及为什么她命运这么坎坷的话题了。

我不禁感叹，时间真是个伟大的东西。

我闺蜜的母亲前段时间生病了，因为老家的医疗设施不好，医治很久也没有见效，于是闺蜜就把母亲接到广州来医治了。

这几个月的时间里，她每天早上6点起来陪母亲去医院挂号问诊，排队拿药，安排好母亲打点滴的事宜，她就飞奔去赶公交到公司上班，晚上下班回家的时候她就回到出租屋里陪母亲聊天，缓解母亲的忧郁心情。

有一天她给我电话，说她这两年攒的钱全部都花掉了，还不够给她母亲治病，于是她又向自己的亲戚借了一万块钱，她告诉我她现在全身上下加起来就600块钱了，而且这个月的房租还没有交。

我很是担心她，可是她却慢慢地给我梳理着：一是等到交房租的日子，我的工资刚好发下来，这样就不会出现资金断层了；二是跟我关系很好的同事和客户之前都说约我吃饭，我一直说没有时间，现在我终于可以光明正大地去蹭饭了，这样想着这个月的饭钱又省了不少。

闺蜜告诉我，也就是说，我这个月还熬得过去，能尽量不跟你借钱就不跟你借，还有我现在就要开始帮我的两个弟弟攒学费了，九月份就要开学了，幸好这几年高中的学费一直没涨，我也算是感激的啦！

跟这个闺蜜快有十年的情谊了，这些年里尤其是这两年的时间，我们探讨过很多关于自己梦想清单的事情，也就是说我们都属于那种做着很多白日梦的人。

她告诉我很多她的愿望清单，每一个开心的日子都会跟我描绘她所向往的那些个美好的期待，即使这一刻我们还蜗居在自己租来的小房子里，即使我们每天还挤公交地铁奔波在上班的路上，即使我们总是周而复始的被家里的各种家长里短搞得鸡犬不宁。

可是也是因为这样，这些年下来我们都磨出了一个状态，就是上一秒刚刚哭诉完最近的不好经历，下一秒就会开始激励自己依然要热爱生活，于是依旧该玩乐该高兴，该好好工作都去一一经历。

这几天我把美剧《复仇》系列全部看完了，这部被誉为女版基督山伯爵的故事，女主角艾米丽因为小时候父亲被冤枉入狱，开始了长达十几年的报复生活，于是在这些格局里她也会被别人所报复，然后冤冤相报了无尽头。

看到剧终的时候，艾米丽身边几乎所有的朋友跟爱人都死掉了，最讽刺的事情是，她的父亲承受了二十年的牢狱之苦，被女儿艾米丽拯救出来之后得了淋巴癌，不久后也离开人世，也就是说他们父女俩团聚在一起的时光根本就没有多少。

虽然女主角最后醒悟，决定航海旅行开始新的人生，但是这个看似完美的结局并没有让我高兴半分，反而让我陷入了很沉重的思考。

我开始觉得生活就是一个无限循环的黑洞，我们不停地追求自己想要的结果，但是却很少考虑这个方向对不对，我们总是不停地奔波于解决一个个措手不及的难题中，但是很多时候却没有醒悟到，我们大部分的梦想是不可能实现的。

那么问题来了，当我们知道尽其一生也可能无法实现而梦想的时候，我们该怎么办呢？

我目前能够说服自己的答案，一是去接受这个事实的存在，即使它很残忍而又无奈；二是去尝试梳理我们人生事项的优先级排序，这样才能给自己一个清晰的脉络方向。

前者是一个心理跟哲学上的思考，也是一个死命题，但是后者却不是，后者是我们每一个人都可以用来执行的引导逻辑。

你有没有发现，在工作上我们总是会给自己梳理很多的方法论出来，比如各项工作的优先级排序，根据重要跟紧急的程度去划分四个象限，做项目管理的时候会用脑型图划分出各个部分的整体框架，我知道这些也都是很正向的思考方向。

可是很多时候，我们都忘了要把我们的人生部分做一个优先级排序。

前段时间看到朋友们在讨论一个议题，就是大学生应不应该辍学去创业，尤其是在这个全民提倡互联网甚至是互联网+的时代里，加上也有不少成功的榜样做典范，于是很多迷茫的大学生蠢蠢欲动，想着能今天造出一个APP明天就去纳斯达克敲钟了。

后来我看到了一个我很受用的答案，大概的意思就是，创业是一件成败掺半的事情，但是读书或者说在大学接受更多的教育永远不会是一件无用的事情，虽然会有人反驳中国的教育，但是那并不代表有就没有人不去努力了，有很多依旧在图书馆，在自习室里正在吸收前人积攒下来的有用思考。

所以总的来说，创业是有很多机会的，但是用大把的时光去完善自己的学识体系，可能人生就这么一段时光了，这段时光也是一去不复返的了。

上周我收到一个姑娘的邮件，她说自己的故事很平庸也很简单，就是一个软弱的女大学生的迷茫，可是我从头看下来这不是一个软弱女生的故事，而是一个杂论无章把自己逼到生活尽头的故事。

这个姑娘是今年的大学毕业生，毕业求职季也是十分的艰难，一开始找到一个物业公司的稳定工作，但是后来放弃了然后去了一家外企服装零售业，她在来信里告诉我，即使一开始听说这家公司非常非常累，我还是义无反顾地来了，一是觉得薪水更可观，二是晋升方面也更有潜力。

但是这份工作每天11个小时的工作时间让她无法负荷，加上工作中的琐碎事情造成的挫败感，对比以前在大学的顺风顺水很是受伤。

另外就是这个姑娘得了一种奇怪的病，关节疼痛与日俱增，说有一次自己在站着工作10个小时后，右腿关节没法活动，于是直接在厕所摔倒了，而且最重要的是，她告诉我"我真的不喜欢我的工作内容，以及以后晋升后的工作状态。"

按道理自我分析到了这个程度，这个姑娘应该自己明白该怎么做选择了，可是她一一把自己给圈进一个死局当中了：我发现签署劳动合同是很麻烦的一件事，我也不知道如果辞职了会不会要支付更高额的违约金，我更不敢辞职回家调养身体，一是我害怕待业青年这个痛苦的过程，二是回家里我不知道我能不能接受自己变得不优秀，要平庸并且在生存线上度过我的一生。

来信的末尾，姑娘问我，人生究竟什么才是最重要呢？身体？快乐？金钱？自尊？未来？地位？而且当这些都冲突了，全部搅在一起一团乱麻的时候又该怎么选择呢？

我盯着这个很大的议题心里想了很久，我想要确保自己不要拿那些"你需要勇气做出抉择"的话语来给予答复，然后我突然想给这个女生泼一盆冷水：对不起，你想要的太多了。

我想说说我自己的故事。

大三那一年我参加体检的时候也得了一场病，于是我开始去拍片验血吃药，那段时光应该是我生命里最抑郁的日子了，我每天夜里失眠，不是害怕自己会死掉，而是害怕自己的将来一无是处，我害怕不能找到好的工作，不能遇见更多的朋友，我害怕自己不能组建家庭，我害怕自己不能旅行看看外面的世界。

那个时候的我感觉自己的未来就是一片黑暗，然后想到我这一辈子就这样了，这种恐惧感就像置身于深海里无法呼吸的那个自己，看身边的鱼儿欢快地游来游去，我却没有办法有一丝动弹，我大声地哭泣叫喊，却没有任何人听见我的声音。

嗯，也就是那个时候我患上了抑郁。

这个故事没有激励人心的结局，我是自己把这个困局解开的。

那个时候的自己已经开始喜欢看美剧了，跟很多悬疑剧一样，《灵书妙探》里的女主角贝克特也是个多灾多难的人，生活里各种措手不及的事情都会向她袭来，她需要照顾很多人的遭遇，所以以至于她很是压抑慌张，可是后来

不经历疼痛，哪有成功的蜕变

男主角开导她的方法是：你不能奢望一下子就解决所有的难题，你应该先集中一个人的问题，解决好了再去解决另一个人的，否则如果所有的事项都堆积在一起，那你一件事情也完成不了。

于是那个时候开始我就试着梳理我当前的困局，我开始调养自己的身体，不再去想未来的事情，然后定期去医院做检查配合治疗，同时保证这个学期的作业能够完成，期末考试能够过关，那段时间里我还说服宿管大叔给自己养了一条小狗，让自己保持欢快的心情。

我开始把健康放在我此时此刻的第一位事项，同时兼顾着不要把学习弄糟就好。

这种状况持续了一年，大四的时候我的病已经完全好了，那个时候我开始投入精力参加实习，完成论文，以及开始奔波找工作，一切跟其他的同学没有不同。

等到毕业那一天很多同学在聚餐伤别离的时候，我心里回想了一下，幸亏我这个最糟糕的状态发生在大三，否则如果是毕业季的话，我根本没有办法想象自己如何承受得过来。

经历过这件事情之后，我开始用这个逻辑去处理很多遇上的困难以及思维里的困境。

比如刚开始进入职场的时候，我告诉自己尽可能多地锻炼自己，这种锻炼并不仅仅是在具体的工作上要多干活少废话，这种锻炼在于我要说服自己不去羡慕那些比我有着更好薪水条件的同学，因为我目前做的这一份工作恰好还算是我比较喜欢的，从这一点上我的上班愉悦感要重要得多。

比如说我在深圳的关外郊区住了一年，每天6点起床转三趟地铁赶到公司上班，夜里回到家过了10点但是因为工资不高不敢下馆子，于是吃了好几个月的快餐，我当时给自己的安慰就是，这也是我生活必须经历的一个阶段，只要我坚持下去就一定会有改观。

　　也就是说，从大三那一次的经历开始，对于同一件事情我不再拿负面的情绪去对待它，虽然很多人的说法是思维的改变，我开始用乐观的一面去面对事情，但是真正的想法是我自己在心里已经明白，正是因为我心里有梦，我要先把我不想过的生活过一遍了，那样我才能走上一条追逐自己的路。

　　我在大理旅行的时候遇上的客栈老板，刚过四十的他已经算是事业有成财务自由了，于是接下来他的人生规划就是云游四海，他说自己经历了很多大风大浪，是该静下来去享受纯粹的旅行在路上的日子了，于是他也邀请我跟他一起去探寻所谓的更大的世界。

　　那天听到他的邀请我开玩笑说了一句，我还得先养活自己才行，客栈老板说养活自己并不难，行走在路上有很多方式的，我最终还是拒绝了，我说我还有未完成的事情要去做，我还有很多苦难还没经历，我还没有资格看破红尘心无旁骛。

　　这几天我在梳理我的梦想清单，发现好多以前看似很远的事项一点点都做到了，比如说独自旅行，看一次薰衣草庄园，夜晚山顶看星星，迎接海上日出，还有出一本书，跟陌生人来一场对话，又比如说30岁前把自己嫁出去，找到一个闺蜜伴我此生……夜里看到这些的时候我不会被自己感动，因为我知道我也曾经经历过那些我不想过的生活，而且现在还在经历着，所以这些也都是我应得的部分。

　　佛学里有个观点，说的是人生来就是受苦的，生老病死，爱恨别离，所有一切都是受苦，我不否认这个观点的存在。但是我觉得正是因为明白了这个逻辑之后，我们可以更加坦然地接受每一个阶段所要承受的不好，经历过很多我们以为自己无法承受的痛，然后才有可能有资本去追寻另外一层高境界的东西。

不经历疼痛，哪有成功的蜕变

　　那些你不想过的生活，一直有人正在过着，那些你一直认为很难的遭遇，其实不过就是生活本身，你觉得自己不该遭遇这些，可是试想着又有多少人生来就是含着金钥匙的呢？而且在他们那个看似辉煌光鲜的阶层里，难道就可以躲避掉更多的考验跟磨炼吗？

　　于我们大部分人而言，生活虽不至于这么跌宕起伏经历传奇，但是没有经历过那些你不想要的生活，更不足以谈人生，因为根本就不存在这样的人生。

　　高晓松也说，生活不只有眼前的苟且，还有诗与远方，那么就让这些苟且一场一场的扑面而来，继而被打败，然后换一场属于我的诗和远方。

　　夜里我冥想的时候，我总会问自己为什么要作死想这么些无聊的问题，还要尝试着去寻找答案，然后我会在心里告诉自己，或许是这一生于我而言，不冒险才是最大的冒险，反之亦然，冒险才是最大的不冒险。

　　虽然很是绕口，但是我觉得一定有人读懂了，会是你吗？

转折路上，
收获反而更多

很多路，很多事，经历过才知道。很多泪，不是白流的。你可能正处于人生的转折点，分岔路口，你一次一次的徘徊……

"人性的弱点——我们都太过逞强。"

对于生活来说，学生需要努力学习，成人需要拼搏工作，而相较于老年人来说，剩下的光阴就是幸福或平凡的短暂岁月。赤脚来，空手去，这是人生必经的日子。平凡的人趋于平淡，从一开始，他们就是默默无闻的，认真学习，努力工作，认为得到的一点点荣誉就是对他们莫大的回报。而那些追求最高点的人却截然不同。他们一出生就注定是不平凡的，他们或许是富二代，或许是人才，或许是天赋异禀的人，或许是幸运儿。他们的出生得到很多人的认可和期待，他们一路走来，或许没经历过什么疼痛，或许背景雄厚，或许拥有那么多的掌声，那么好的资历……可能一切生来就属于他们。

但即使那样，又如何？我们出生同一片土地，我们成长同一片宇宙，我们的血脉相连，我们都是独一无二的。你要相信，你是无可替代的，最好的自己。岁月会成就最好的你。很多东西，不是不属于你，而是还未来到。一个人可以走万条路，也可以只有一条路甚至无路可走，到最后的最后，未来的未来，在你自己手里把握。就像雨后彩虹，试着回馈自然的微笑。请相信，时代是属于奋斗的你我，只有自信才是你创造一切的原动力。很多事，尝试着去做吧。

不经历疼痛，哪有成功的蜕变

可能，你会遇到很多磨难，朋友的背叛，上司的解雇，房东的扫地出门，家人的反对，内心的犹豫……但其实，相比你的梦想，那都不算什么。在最美的时光，在最好的年纪，你有没有打算选择逃避。在看过那么多部影视剧，阅览过那么多本书后，突然发现，人必须要有梦想，没有梦想的人生是不完整的。可能你是追星族，可能你是超级学霸，可能你是CEO……但是，你理解幸福的定义吗？你知道，幸福感该怎么形容吗。

有一个人，他生活的很穷苦，每天做着最苦最累的工作。但，他的妻子却漂亮贤惠。有一次，他的妻子参加同学聚会，很多的老同学开着宝马，奔驰，穿着华丽富贵，谈吐彬彬。唯有她，一身朴素的过时的衣裳，她的身旁，站着她那长相丑陋，衣衫褴褛的丈夫。他们从三轮车上走下来，一路上，他们互相搀扶，笑容洋溢，远处的灯光，照着他们高昂的背影，空气里洋溢着温暖的气息。当大门打开的那一刻，所有人都被震惊了。但他们看到以前他们视为女神的校花竟沦落为村姑时，他们的脸上，更多的是不可思议。女人没有说话，一旁的议论声不绝于耳。"这还是当年的那个她吗？""黄脸婆一个了。""她的眼光怎么会这么差啊……"

女人慢步走上舞台，一路上，她没有松开过那个男人的手。她拿起话筒，说出了这样一段话："我拥有幸福的生活。我有一个每天爱我的丈夫，我们每天都是情人节。我生病的时候，他会日日夜夜陪在身旁，喂我吃药，给我讲故事……他会带我去海边，带我去找贝壳，他会每天轻吻我的额头，他会每天带着我一起收破烂，他会在下雨的时候用衣服挡在我的身前，他会给我做我最爱吃的饭菜，他知道我有头痛病，会为了我认真学习按摩，他会每天准时回家……他没有财富，也没有相貌，但他有一颗善良的心，他很爱我，他不会甜言蜜语，但他会用双手撑起我们的小家，他会用他的双脚为我四处奔波，他会用他的双眼诉说我们的爱情。我没有世界最好的生活，但我拥有无可替代的爱情，我拥有了幸福感，拥有了一切。"话音落下，全场哗然，掌声雷动，她和丈夫久久凝望着，幸福感弥漫着……

很多时候，梦想教会我们努力追寻最好的生活，但回过头，你会发现，你最初想得到的幸福已经慢慢远去，正所谓鱼和熊掌不可兼得。

很多事，会错过，很多路，走过才懂，很多东西，失去了才懂得珍惜。所以，现在起，希望现在的你，乐观生活，珍惜所拥有的，只有真正爱你的，真正不离不弃的，才是你一辈子都不可割舍的幸福感。

不经历疼痛，哪有成功的蜕变

哪怕被人踩在脚下，
也会面带微笑地昂起头

[1]

你有没有遇见过这么一个人：再无聊的话题只要他一说，你就兴致满满；再单调的笑话，只要他一说，你就开怀大笑；再难吃的蛋炒饭，只要是他做的，你视为珍馐佳肴；甚至再忙的时候，只要他一个电话，你都可以随叫随到。

也会在有的时候：再为难的求助，只要他一张嘴，你就奋不顾身；再普通的朋友交往，只要是和异性，你就会难过得要死；哪怕是对话时，他偶尔的眼神游离，也能让你彻夜不眠。

遇见他之前，你是一个顶天立地的女汉子；遇见他之后，你成了一个为爱痴狂的小女人。

[2]

洛洛大学开始创业，从送外卖、组团送外卖、开餐饮店，一直到毕业后，成立自己的公司，一年时间员工从不足十人扩张到将近一百余人，第二年因为公司投资方向错误、资金链断裂，一夜之间破产，还欠下了十余万的债务。第三年从夜市摆地摊、做批发开始，终于在第五年，从负债十余万变成了年收入破百万的女强人。

没有跌倒过，就没有资格说成功；没有成功过，更没有资格说成功。洛洛觉得，人生就是不断的跌倒和爬起的过程。跌倒了，不努力地爬起来，跌倒一次，也许有人会扶你，但第二次、第三次呢？别人只会嘲笑，笑你这么脆弱，笑你那么逞强。

为了送外卖，她花了一个月的生活费买了一辆二手的电动车，第一天被偷；

为了开公司，她把自己大学创业攒下来的钱全部投进去，自己住了一年的地下室；

公司破产后，她透支了自己的所有信用卡，坚决不拖欠员工工资；

为了还清债务，她早上卖早点，白天去市场淘货、送货，晚上摆地摊；

为了做批发，她预支了家人给她准备的嫁妆，步步为营。

洛洛说，送外卖的时候，同学嫌弃她身上的油烟味，她无所谓；创业的时候，朋友劝她务必给自己留一条退路，她不在乎；公司破产后，亲人告诫她商场无情，何必透支信用卡发工资，她不同意；还清债务后，闺蜜劝她何必那么拼命，女人简单一点、安稳一点不是很好么，她不认命。

生活中，有不少像洛洛这样的女人，她们不甘于命运的曲折，无论外界有多少的嘲笑、质疑、打击和欺诈，都无法阻止她们前进的步伐，她们对自己的人生有着更明确的规划和更大的憧憬。哪怕被人踩在地底下，也会面带微笑地昂起头。

[3]

在一次聊天的时候，洛洛突然问我，能不能想象到她哭的时候的样子？

洛洛怎么可能会哭呢？她是那种哪怕毙了她，十八年后还是一条女汉子

不经历疼痛，哪有成功的蜕变

的人物，怎么可能会哭？

不是所有的女人都擅长撒娇，也不是所有的女人都渴望被保护，总会有一种女人，她们愿意为爱的萌芽忽略自我，为爱的扬帆启航披荆斩棘，为爱的乘风破浪不怕牺牲。

洛洛说她哭过，不是在事业一帆风顺或者一败涂地的时候，只有在他面前。洛洛说，女人终归是女人，哪怕外表刚强如铁，内心终归有一处柔软的地方。

比如：

为了送他一块罗西尼的手表当生日礼物，送外卖赚钱被嫌弃说不体面，会哭；

为了努力建造一个爱的巢穴艰辛创业，住地下室被嫌弃说不值得，会哭；

为了不亏欠任何一个真心待她的朋友，宁愿一无所有被嘲笑说自作孽，会哭；

在一切都越来越好的时候，那个人回到身边，后悔说他错了想回来，会哭。

不知道你是不是这样的女人，在工作中运筹帷幄，在聚会上谈笑风生，哪怕天塌下来也能当被子盖，不怎么发朋友圈、不怎么发微博，也不爱在朋友面前表露忧伤。但是心里确实有那么一个人，他的一句我累了怎么办、我迷路了怎么办，你绝不会丢下一句，累了就休息、迷路开导航！

这个世界上，没有不适合的工作，也没有不适合的事业，只要你肯争取、肯努力，时间终究会给你一个完美的答案；但是真的有不适合的爱人，有不适合的爱情，一旦你争取了、努力了，时间将会给你一个答案：大概就是，在不适合的爱情里，你的争取和努力并不能给他快乐，而他所谓的关心和不舍，终究只能让你哭。

谁走了没关系，
重要的是谁留下了

过年的时候，我总是被问到一个问题，要不要去参加同学聚会？

有个同学就问我："大叔，同学会有必要勉强自己去么？因为去了还是跟自己比较好的同学一起玩而已吧。我从高中毕业后就没去过同学会了，觉得干脆找要好的同学去玩更好。"但是她又觉得"看到同学微信留言上说'不珍惜的人就算了吧'，心里觉得有点对不住他们，还有一年就毕业了，觉得起码去聚聚吧，可没有人强迫我的话，我还是迈不开脚步，好纠结好矛盾呢……"

估计很多人都有这种纠结吧。

有这种聚会但不想去的同学，我想可能是如下原因：

1. 和很多同学关系慢慢淡了，见面不知道如何融入话题，觉得自己是个"冷场女王"，很少有人愿意在这种社交场合失去"存在感"，既然无趣，不如不去。

2. 和有的同学有些过节或者恩怨，去这种场合见面，没有做好沟通的准备，为了避免矛盾或者尴尬，干脆不去。

3. 有时候本来想去参加一下同学聚会，却发现大家的话题相差十万八千里，虽然也能聊，但是内心找不到共鸣，比如你在读大学，你的高中同学谈的都是谁谁谁家生了娃，能不纠结吗？

那为什么又觉得要去参加同学聚会呢？

1. 人情，不去被同学说脱离群众，显得自己也不会社交，感觉不合适。

2. 人脉，觉得同学之间的友情也是将来打拼社会的人脉，现在不去积累，将来哪里来的回报？

3. 无聊，也不是说同学聚会非参加不可，但没有跟有趣的事情可以做，与其在家里被老妈唠叨，不如去同学聚会打酱油。

很多人也问我，大叔你参加同学聚会吗？

我可以很明白地说：

我过年回老家从来不主动参加同学聚会，我和我99.9%同学之间只能算因此而认识，甚至连认识都做不到了，我们彼此已经遗忘。

如果有同学聚会请我参加，我没有事情也会去参加，基本上就是凑个桌，不讲话不发言不八卦偶尔帮助活跃下气氛全程赔笑的配角。

个别关系好的，我们会私下聊聊天，如果没有业务合作，我们的交情也很难深入到哪里去。

我们当年感情好的时候，其实对这个世界一无所知。

我在幼儿园时认识的人，现在我连样子都记不起来。

我读小学时认识的人，现在我连名字都记不起来。

我读中学时认识的人，现在我大都不知道他们在哪里工作。

我读大学时认识的人，现在往往需要十年我们才能见一面。

我参加工作后认识的人，往往拿着名片也想不起，我们曾经一起吃过饭，称兄道过弟。

很多同学会问，这样你不是失去很多维护同学同乡感情发展人脉的机会吗？

这倒让我发现一个问题，很多同学根本没搞清楚什么是同乡，什么是朋友，什么是人脉！

请问什么是朋友？什么是玩伴？什么是知己？什么是同道？什么是人脉？

你四处认识人到底想要什么？

是一个事事附和你的人？还是一个能帮你排忧解难的人？

是一个能不客气指出你问题的人？还是一个愿意在你不开心的时候听你倾诉的人？

我看很多同学真正的问题不是会不会交朋友，要不要交朋友，如何和朋友交往，而是他根本没搞清楚他自己到底想要什么。

大部分人所谓需要一个朋友，不如说需要为自己不强大的内心寻找一个抱团取暖的队友，谁对谁有真的当真，大家想的其实都是自己。

一个微信朋友留言说得好：

现在我尽量将认识的人分为这几类：

重要的朋友：能够理解，互相支持的人

不得不维持表面关系的人：例如同事

要去讨好或者尽量搞好关系的人：例如直属领导

需要不断维系的资源：例如重要合作关系，或者是在银行、医院、律师这样特殊需要的资源

一些普通的友人。

年纪越大，越觉得这样的分类有必要，毕竟我们的时间有限，我也的确变得更势利，希望从不同的人身上吸收对自己有益的内容和资源，哪怕是你不喜欢，看不惯却不得不面对的人。

可以遇到和你共进退，共频率的人，是上天给予的恩赐。

总是觉得找不到你的同类，说实话才是正常，这样才不断挑战我们的沟通和相处能力。

现在我们很多同学知道自己对朋友和人脉的理解出在哪里了吧？

认识那么多人有用吗？真是很难说。

我们总是错误地以为

过去是朋友，将来一定也会是朋友

因为在一起，所以我们必须做朋友

如果没人爱，我就是一个失败的人

如果是朋友，我们应该事事在一起

我信任朋友，朋友一切也得告诉我

你大概是把"同学=朋友"，把"室友=朋友"，把"老友=一辈子"，把"新朋友=人脉"，把"闺蜜=知己"，把"在一起=关系好"，这都是幼稚的错觉，你们要是懂一点批判性思考，这些问题的答案自己就会出来。

和你们不同的是，因为我经历得越多，就越发现，一个人最重要的不是拥有很多朋友，而是要有别人需要的能力，要能一个人去享受孤独。

你有别人需要的能力，你性格内向，你不善言辞，你不爱社交，都不是问题，别人会主动来找你，顶多就是多一点沟通成本。

你能够享受孤独，在没有人理解和安慰你的时候，你就是你自己的最知心的朋友，要知道，能遇到知己，是这辈子很难的缘分，遇到了要珍惜，没有遇到，其实蛮正常的。

可惜这些，都需要长久的修炼。

我们要亲身经历苦难，然后才懂安慰他人

[1]

"在35岁那一年，我发现自己站在一片幽暗的树林里。"

看到但丁的这句话时，我恍了恍神，在心底里默默地把那个35岁改成了30岁。

你看，我比但丁还厉害，他要到35岁才发现自己站在一片幽暗的树林，可是，我，如此平凡的我，竟然在30岁那一年就发现了自己身处幽暗的树林，这难道不是一件很幸运的事么。

25岁时，我来到一家时尚杂志上班，那是中国最早的时尚杂志，它不用坐班，还可以周围飞，试用最新护肤品，看最新潮的衣服，住五星酒店，和这世界上最美丽最优秀的人聊天，长知识，见世面，更重要的是，在这里，只要你够勤奋，你就能拿到你同龄人三四倍的收入，几乎每个月我都抱着新出炉的杂志发一会呆，内心涌动着一股极大的愉悦，要知道这里面有四分之一的内容都是我编的呀，那时我觉得我是世界上最幸福的人，干着自己喜欢的工作，有自己喜欢的生活，被人爱着，也爱着人，经济自由，无忧无虑。

简单地说，我确实过了几年好日子。

可是好日子终归不长久。

慢慢地，时间过得越来越快，繁弦急管转入急管衰弦，30岁的时候，急

景凋年竟然已近在眼前，杂志业仿佛越来越萧条，出差的机会越来越少，老板的脸色也越来越难看，最可怕的是，我的老板经常在开会的时候有意无意地说上一句："呐，我们这种青春杂志，编辑最好不要超过三十岁"，他每说这句话时我的心就要抖一下，好害怕他马上提出来要炒我，而就在此时，我曾经以为完美无缺的生活开始变得无聊甚至有些可怖，一片幽暗的森林在我面前慢慢展现它庞大的身影，危险已近在眼前，可是更让人觉得恐怖的是，眼前没有路。

[2]

张艾嘉有一首歌，我常常哼，里面有句歌词这是样的，走吧，走吧，人总要学着自己长大……是啊，是得走啦，可是往哪儿走呢？没路走啊。

前30年生活教我做一个朴实好脾气的好姑娘，可是，它没有教好姑娘如何面对人生扑面而来的那些改变，那些改变多可怕啊，像一条小船就要撞上河中心横亘而起礁石，船碎了不打紧，但问题是，好姑娘如我，可真的没学过游泳啊。

好怕啊，怕得要死，那时的我常常躲在杂志社最里面一间黑暗的杂物间，杂物间里摆一条窄窄的躺椅，中午乘没人的时候摸进去呼呼大睡，一睡就是两三个小时，有很长一段时间，这间小小的黑暗的杂物间是我生活里唯一的净土，每次睁开眼睛的时刻我都非常绝望，咦，怎么又醒了！为什么不一直睡下去。

那时的我话很少，吃得很多，变成了一个一百五十多斤的大胖子，剪着短发，走出去，常常会有人以为我是男的。这个大胖子每天都面色凝重，内心却沸腾得像锅烧开了的水，悲伤、愤怒、不平和恐惧，满满的，咕嘟咕嘟冒着热气，烫得让人受不了。慌乱的时候，这个大胖子曾跑到泰国去求四面佛，痛苦的时候，这个大胖子也曾经在海边装模作样徘徊了半个晚上，可是她也知道她跳不下去，更多的时候，大胖子揣着胸膛里这锅开水面色如水照常生活，她知道她不能撒手，一撒手她就得把自己煮熟了。

揣着滚水是很难，可是她知道煮熟了自己的人生只能落个腐烂的下场，作为一个湖南人，心底里都刻着这句话吧——"只要不死的话，就请你霸蛮活下去吧！"，有了这句话做底子，人也不挣扎了，这是一种真正的绝望，它让你终于清醒地意识你只有你自己，这漆黑的森林里没有人会来救你，可是真正的绝望是有好处的，你终于清醒地意识到你还有你自己。

如果没有这份工，你能干些什么？如果没有这个人，你还能不能活下去？我无数次地问自己这个问题，开始的回答是不能，后来的回答是不能也得能。

一个没背景没手腕没长相没专长没情商脸皮还特别薄生怕求人的女性可以干点什么呢？想来想去，我发现自己只有写稿了。长叹一声，这真是没有办法的办法，但凡要有任何一点别的手艺和门路，一个没什么才华的人都不会动这个念头，可是你没有选择。

我开始拼命地写稿，什么都写，没有人约，就自己开个博客白写，娱乐，情感，时尚……什么都写，就这样写了一段时间，慢慢有了一两家约稿，2006年，我在后花园写的网络连载小说侥幸出成了书，印了六千本。那时我有个作者，叫薛莉，是个上海的美女，我给她寄了一本，她看完之后说原来你也写东西啊，不如你给我们写点时尚生活吧！她所在的地方叫英国金融时报中文网，我不知道那里有多牛，只听她说"我们这里有中国一流的作者"，我花了几天时间研究她们网站上的稿，写了一篇《广州师奶购房团》，薛莉从头到尾改了一遍，把改过的范文给我看，说以后你就照着这个来写，一个月一篇，一篇五百。五百哎！那天傍晚我骑车回家，微风吹在脸上，珠江边是大颗大颗的紫荆树，眼光所至之处，大朵大朵紫红的花落在单车前，此情此景，终生难忘，我模模糊糊地知道终于有一些事情开始了。

[3]

写稿成了我生活里最重要的事。

这真搞笑，一个女人要到三十多岁才开始写东西，这确实有点晚。

可是再晚它不也是门手艺么，再晚，它不也开始了么。

每次坐在电脑前敲击键盘的时候，我都觉得自己把自己送进了一个异次元，写作让我内心的那锅开水平静下来，它让我进入一个清凉世界，它让我宁静安详，它让我真正面对无助的自己，它让我有胆量把那些夜半时分都不敢拿出来的愤怒和恐惧细细打量，慢慢分析，它让我把内心的黑暗和纠结梳理清楚，它让我有勇气一点点地面对内心那些丑陋的沉积岩——文字真神奇，它像一个你用自己生命召集的能量场，它把你围在中间，它给你输送力量，它让你不再害怕，它让你从内里长出蕊子，它让你有勇气和这个世界谈判，它让你有勇气和过去握手言欢。

除了写，我还到处问，因为我还是个记者，利用职业之便，我带着我的疑问问遍了我所能遇到的能人高士，我希望他们在他的领域里给我答案，人类学，心理学，社会学，历史学，生物学……我听见李银河老师说："中国女性的最大问题是参政率特别低。"我听见俞飞鸿说"生命已经有一半不在你手上了，另一半就得握在自己手中，我不期待别人带给我快乐，我的快乐我自己去寻找。"我听见黄爱东西说"强大的女性是全能体，可是独立不是件容易的事"我听见何式凝说"他其实是爱你的，不过他能力有限，不能爱到好像你爱他的地步。"我听见裴谕新说"如果你在男性社会双重道德标准下玩，你就永远会非常痛苦……"我听郭巍青说"不要以为你说了一个悲惨的故事人家就会改变，观念不是随便来的，只有制度发生改变，观念才会发生改会，人们才会知道应该重视什么"……

聊天也是一种能量的流动，智慧大神一发功，小民就受益，我终于在他们耀人的光芒里发现了自己的局促与小家，我终于明白世界很大，我终于知道了某些可怕的真相——可是，知道总比不知道好，清醒让人痛苦，可是清醒本身就带着非凡的力量，原来情感问题的真相不是你和那个伴侣的关系，而是你和你自己的关系，往大里说，是你和这个时代的关系，可是无论在哪个时代里，如果你没有勇气让自己成长为一个心智成熟的人，你就永远也不能触摸到生命真正的温度。

我喜欢那些能量满满的谈话，我想过很多年以后我还会记得这场谈话，当我怨妇般问我的朋友水木丁，为什么我总是得不到我想要的幸福。

她笑嘻嘻地说，那要看你要的幸福是什么样的？而且，注意喔，不是每一个都必须得到幸福，有时得到宁静也很不错。

我说我为什么从来不做坏事却要遇到这样的报应，她语重心长地开启说道："没有什么道理可讲，我们生活在一个时代里，就要承受这个时代的共运……什么叫共运？比如你生活在战争时代，好好地坐在船上，被一发炮弹给命中了，你说你找谁说理去……"

这场谈话在我人生中如此重要，它让我彻底从牛角尖里钻出来，你看我多愚钝，要到很晚才明白这些道理，是的，你不是一个人，你是一个时代里的小水珠，和这个时代里所有的小水珠一样，你们必须承受相同的命运。

[4]

人活在这个世界上三万多天，求取的意义是什么？

其实谁也不知道。人生那么短促，世界那么残酷，我们这些平凡人能在感情里为自己做的最大努力是什么呢？

也许就是别折磨自己，尽量让自己快乐，而让自己快乐的唯一方法，就是尽量诚实地面对自己，也尽量诚实地面对他人。这是我当下这一刻领悟的真义，它可能不对，过几天也许会改，但这不重要，最重要的是，我在这无尽的书写里，终于找到了在这个残酷世界里安身立命的方式——原来，我就是那种写着写着才能好起来的人呐。

写作让我得到现在的我。

不完美，但快乐；不富有，但开心。我从来没有像现在这样欣赏自己、接纳自己，我喜欢现在的自己，我喜欢现在的生活，写稿看书旅行健身采访，忙碌而充实。我有很多很好的朋友，我有亲近关爱我的家人，我有若干情义相投的工作伙伴，我自由地属于我自己，我比之前的任何时候都要快乐。

从2011年接下南都的专栏开始，到此刻，写下这本书前前后后的三年里，是我变化最大的三年，我不知道是我创造了这本书，还是这本书创造了我。在这本书里，我尽可能真诚地写出了我知道的所有——那些曾经触动过我的心灵的句子，那些曾经触动我心灵的灵魂，那些曾经疗愈过我伤痛的高人，那些曾带给我巨大帮助的书籍和电影……我不知道它们对你有没有用，可能一点用也没有，可是管他呢。我只是愿意将自己那些在黑暗里擦亮的光亮与人分享，哪怕只是一点点，也许，或许，能帮到你呢，能安慰你呢？

曾经有读者问我，你是一个什么样的女人，你是不是历经千帆才有那么多感悟？惭愧地说，我是一个经历不多，不甚强大，甚至不太聪明的女人。也许就是因为不甚强大和不甚聪明，所以任何小事都让我感同身受，所以跌跌撞撞才来得特别真实惨痛。

天地不仁，以万物为刍狗。

世界从来如此。

可是，就算是最微不足道的一片杂草，也曾繁盛；就算是最平常的一片树叶，也曾绿意盎然；每一颗破碎的心都不应该被践踏，每一个重伤的人都不应该再受杀戮，是电影《桃姐》里的那句台词让我泪流满面："人生最甜蜜的欢乐，都是忧伤的果实；人生最纯美的东西，都是从艰难中得来的。我们要亲身经历苦难，然后才懂安慰他人。"

谁的体面都不是
来得轻轻松松的

女友发来微信说周末要搬家，她在公司附近租了房子，节省了路上的时间，工作之余可以多陪陪两岁的女儿。女友说："我也要好好打理家，像你一样认真洗衣、做饭，让爸妈和女儿生活得安稳些，现在我是家人的依靠。"女友离婚一年，我看着她从最初的慌乱无助渐渐走向平静从容，其中的艰难和挣扎即便她不说，我也能感同身受，她终是好起来了。女友说："这一年我深刻体会到了生活的压力，因为没有依靠，我只能选择坚强面对，就像练瑜伽'要看起来很轻松，其实你很用力'，你一直都是这样生活的对不对？"

是的，我一直都是这样的，也一度因为如此，我有过挥之不去的孤独感，而写文字也是一份极尽孤独的工作。但孤独在生命的某些阶段也会是一种沉淀，在孤独的时候积蓄力量，才能在不孤独的时候绽放才华。凡是那些害怕孤独，整日里在饭局、酒桌、歌厅、人群里寻找存在感的人，一定会淹没在芸芸众生里，每个人看上去都活得很用力，轻松的却从来不是心。孤独会让你变得出众，而不是不合群不好相处，彪悍的人生不需要解释，很多人都只是我们的路人甲，当我愿意极尽温柔的时候，一定是对那些值得的人。我不浪费情感，情感自然就不会受伤，我还是不忙，因为一直有享受生活和情感的时间。

谁的生命中都有过一段特别艰难的时光，如何度过其实并没有什么特别好的办法，有时候或许还会持续很久。我也曾走进最深的黑暗窒息到心生绝望，但每每这时我就会告诉自己，该来的都来吧，反正我已经失无所失。

我挺住了不倒下，运动健身不生病，还要打扮漂亮去和女友下午茶，然后站在雨夜的路边，等属于我的那一个晴天。你一定会问我："你等到了吗？"我也一定会告诉你："穿越了悲伤生活就会展露笑颜，克制了有条件做却不能去做的冲动，情感才会渐入佳境，当我面对诸多麻烦也能平静应对不言苦痛，心就会慢慢被自己的纯真暖过，原来我才是那一个晴天里的阳光，也明媚了别人的眼睛。"

这世上原本没有解决不了的事情，只有不想解决事情的人，如果真是没有办法了，我们还可以把它交给时间，自己什么都不想也什么都不做，拖着拖着就黄了，晾着晾着就凉了，冷着冷着就忘了。很多人都在感叹世态炎凉，于是都为此有了一部自己的哀伤，可究竟有多少世态炎凉是真正和我们有关的？那些哀伤里免不了也有自己拉开的序幕，或者自己搬起的石头。换句话说，你做人越挑剔，越算计，越虚伪，你看到的人性之恶就越多，你经历的世态炎凉也就越多，即便有一时得意，那心底的空虚也会如影随形。如果换上了"成功强迫症"，我们又容易活得用力过猛，过分强调自己的能力或是证明自己的优秀，往往是因为骨子里无处不在的脆弱和自卑。那些在世态里摸爬滚打却不道炎凉，看起来波澜不惊的人，才活得真正用力，哪怕迎风接雨也要用一个最漂亮的样子，所以看起来永远生活得很轻松。

身在路上都会在一些成与不成，爱与不爱，走与不走之间苦痛伤愁，原本都没什么大不了的，这只能证明我们曾经爱过和执着过，结果有好有坏，有聚有散，实际上我们应该有承受的能力，毕竟都是自己最初的选择。而那些在伤痛里爬不起来的身影，失去的其实是自信与勇敢，这两点，别人给不了但也毁不掉，我们自己给自己，也只能自己救自己。在一些不屑的骄傲里，也有着生存的智慧，生活的美好里也包含着残酷，你善良它就美好，你阴暗它就残酷。

　　文字的力量之所以有限，是因为我们只看自己认为需要的东西，心灵鸡汤之所以变成了打"鸡血"，是因为迷茫的我们总相信努力就可以把自己带向成功，可拼错了方向才华也是一种浪费，看起来就急功近利的脸实在不可能让你达成所愿。我并不认为单纯地换位思考就能让我们走出困惑，而是切合实际的为自己定制短期计划，终于开始迈向新世界的第一步才是重中之重。很多人都是看起来活得很用力，甚至拼到了矫情，当"努力"漫天飞，"忙"字总刷屏的时候，本该轻松的生活变成了活给别人看的木偶剧，本该是港湾的家倒成了最不安稳的隐患。

　　很多人问我："你如何度过人生最艰难的时光？"除了硬挺着做好手边能做的事，我依旧无良方可给，但那种能够排解烦恼和孤独的好心情倒是有办法找到的。今晚的北京在冷空气过后变得月朗星稀起来，正是去故宫散步的好时候，宫墙柳和角楼上的月色，筒子河畔三三两两散步、跑步的男女，空无一人的午门前广场，走着走着就又心生了希望，至少我还可以来这里触摸这个城市最厚重又最柔美的地方。我从来都不觉得自己是坚强的，所有没事不惹事，但也不觉得到底能有什么好怕的，所以事来不怕事。看起来我活得很轻松，是因为我不想辜负了年华，不想慢待了生活，不想薄凉了情感。其实我一直很用力，是因为年华易老我还要拼脸，生存很难我又要拼才华，情感好沉我要在拼脸也要拼才华之后，才能长成一颗会开花的树，从此不再寻找不再失去。

　　当你在不那么美好的日子里也能风姿绰约，在不那么体面的挣扎中也能保持笑容，就能感受到晴天里的暖阳是一种很用力的幸福，雨天里的等待本该是一种很轻松的姿态。

学会与你的
疼痛和平共处

哈他瑜伽里有一个非常实用的调息与冥想体式，叫全莲花坐。

说起来很简单，只需挺拔腰背坐着，将左脚放在右大腿根部，脚跟抵住右侧小腹，然后将右脚脚心向天，尽量放在左大腿根部，脚跟抵住左侧小腹，双膝贴向地面即可，两脚的位置还可互换。

但初做这个动作时，两脚的脚踝和膝盖处会有比较强烈的疼痛感，很多人刚把脚掰到小腹旁边就因无法忍受这种疼痛而放弃，或者退而求其次选择半莲花坐。

我也放弃过很多次，偶尔能坚持几分钟也是把注意力转移到其他部位的结果。

直到有一回，我决定尝试着与这种痛感相处，不去抵抗，也不逃避，闭上眼睛静静地感受脚踝处的酸痛，保持呼吸的深厚缓慢。

慢慢的，内心自然而然浮动出一种感觉，好像我的呼吸不是肺部和呼吸道完成，而是由脚踝和膝盖完成的一样。

换言之，我感觉到疼痛的部位在自由呼吸，像是所有的关节都在随着这种悠长的节奏缓慢起伏一样，从前无法忍受的疼痛感渐渐退出，取而代之的是这两个部位在逐渐向上生长，就像春天刚钻出泥土的嫩芽第一次展开叶片要向着广阔的蓝天伸个懒腰一样。

那次冥想一直持续了半个多小时，当我从中出来的时候，我明白了什么是心平气和的与疼痛相处。

让我决定做这个尝试的动力来自一本书。

心理学者武志红在他的《身体知道答案》一书中提到过，当你出现某种负面情绪时，不要试图去抵抗或逃避，最好的办法是尊重这种情绪的存在，允许它在心中涌动，让自己沉浸在这份情绪里也无妨，慢慢地你能够解读到情绪背后的信息，当你完全了解为什么会出现这种情绪以后，它就会逐渐消融，转变成对自己更深层次的理解。

我的一个朋友，总喜欢隔三岔五向我宣贯一些励志名言、成功学金句等，或者实在词穷，也会隔几天就没来由地在聊天平台上给我留一句"加油"之类的鼓励语，我常戏称他在试图给我"打鸡血"。

我们有过比较深刻的交流，彼此倾诉过生活中的苦难和压力，我明白他为什么要给我"打鸡血"。因为他对付压力的方式就是抵抗，与苦难抗争，并希望最终战胜苦难。而要长时间保持这种抗争精神不至于懈怠，又要维持自己的行动不至于懒散并不是一件容易的事情。所以他非常需要被励志、被鼓励、被感动这类强烈的情绪刺激。

他希望我也和他一样能够战胜生活中的苦难，因此总是好心地隔三岔五给我"打鸡血"。每当这个时候我就知道，需要精神激励的人不是我，而是他。

我并不把压力当作敌人，它们和生活中的其他元素一样，没有贵贱之分，来之要心安，去了也不必激动，心平气和地与压力相处，不急躁也不逃避，做出的努力不是为了抗争压力，而是像呼吸一样成为生命的自然状态。

就像把疼痛和舒适当作平等的感受一样，把苦难和欢愉也当作平等的际遇，学会与之相处，用一颗平常心来安放这些原本就平常不过的情绪。

不忘初心，
方能始终

我们拼尽一切，想要离自己想要的人生更近一些，可是，在追寻的过程中，我们是否忘记了自己的本意，活成了自己最不想要的人生？

[1]

接到孙妍去世的消息时已经是凌晨了，已经连续加班一周的我头昏眼花的赶着工作进度，放在桌上的手机"叮"的一声跳出一条提示，本该是一条再普通不过的微信消息，那句短短的话却让我大脑一下变的空白，不敢相信眼前的那句话——"孙妍去世了。"

发消息给我的是李亮，是我大学最好的朋友之一，另一个便是孙妍，我的朋友不多，他们俩几乎占据了我整个大学的闲暇时光。我们曾经无话不聊，吃饭、逛街、打游戏厅，三个人的小团体曾经让无数外人羡慕着。可我没有想到，只不过最近几天工作太忙没有联系，留给我的居然是这样让人难过的消息。

我打了电话给李亮，接通后却犹豫了很久，不知道该说什么。另一端的李亮也不说话，我们隔着电话沉默了一分多钟，我才听到对面传过来的啜泣声和李亮带着哭腔的话"妍妍走了"……我们俩隔着电话一起流眼泪，那个仿佛还在眼前蹦蹦跳跳、神神气气的女孩，竟然就这么走了。

不经历疼痛，哪有成功的蜕变

通知李亮的是孙妍的父亲，老人家在电话里泣不成声——"亮亮，妍妍没了……我做梦也没想到，我女儿居然会活活地被累死，早知道这样，当初还不如不让她去北京……"

孙妍死亡的原因是过度疲劳，出事的那天，孙妍已经一个月没有休息过了，几乎每天都加班到两三点钟。公司的保洁员发现她的时候，她甚至都保持着工作的姿态，僵掉的手里还握着鼠标，阿姨喊了几声孙妍都没回应，伸手过去才发现她整个身子都冷掉了，冰冷冷的。

[2]

上大学那会，孙妍是我们三个人里最好胜的一个。上课考试要次次拿第一，打游戏要拿第一，连麻将局都要连赢几把才肯罢休。她的名言就是"凡事不做最好的，跟咸鱼有什么区别。"

大学四年，她凭着一股拼劲，拿下了大大小小几十个比赛的一等奖，各种证书更是数不清。大四毕业季刚开始，孙妍就顺利拿到一家业内赫赫有名的广告公司给出的高薪offer，得知消息的那天，孙妍拉着我和李亮在饭店喝酒一直到深夜，谈起对未来的美好憧憬，眼里都是闪烁的光。那时候我和李亮都为自己的朋友感到由衷的高兴，我们俩坚信，这个好胜的女孩未来会有美好的未来，会有远大的前程。

[3]

毕业两年，孙妍没辜负我俩的期望，硬是从最底层的公司菜鸟，做到了营销部门的总监，晋升速度之快，让公司上下甚至都开始怀疑起她和老板之间的关系。谁都没关心过，这总监的位置来的有多辛苦。

打从入公司来，孙妍就跟打了"鸡血"一样，把工作当成了生活的全部，为了项目几天不睡觉在她都是常事。每次拿下大项目，兴高采烈的孙妍总喜欢叫我和李亮出来喝酒，眉飞色舞间难掩喜悦。可我们却发现，她气色是一天不如一天，黑眼圈化妆都盖不住。我们也善意地劝过她"身体要紧，别太拼了"，可她总是一脸正色地反驳我们——"年轻的时候不拼什么时候拼？现在不努力，老大徒伤悲呀"看着她工作狂附身的样子，我和李亮也只好把话咽在肚子里，甚至反思起我俩的不思进取。我常跟李亮调侃说"你看看人家孙妍都做到总监了，咱俩还是个底层小职员，差距咋这么大！"

[4]

跟孙妍相比，我跟李亮总显得不思进取，可是我从来都不羡慕孙妍。我觉得那不是我想要的生活。对于加班，我永远是深恶痛绝的。毕业两年，两次跳槽都是不堪忍受加班之苦。可兜兜转转，几份工作却都逃不开加班。每次加班到半夜，望着外面空空荡荡的街道，我总觉得内心无比空虚。上学的时候，我总羡慕那些可以自己赚钱的上班族，觉得他们想买什么都可以自己买，自由得很。可真正自己拿工资了，才发现原来有钱的代价就是失去自由。工资卡里的金额不断增长，我却只能看着数字发呆。花钱？我根本没时间。

因为辞职的事，孙妍骂过我好几次，在她看来，我简直就是"不思进取"的典型，她无法理解我对加班的厌恶，她总是说"阿汛，你现在要做的就是努力赚钱，等以后事业有成、金钱在身时，才是享受的时候。年纪轻轻就怕吃苦，你和别人怎么比？"我心里不服，却也说不出反驳的话。

[5]

就在孙妍去世前几天，我还在因为公司的一个大项目连续加班，每天回到家身体都跟散架了一样，往床上一趟就完全不想动。有一次睡觉前洗澡，我居然在浴室睡着了，还是热水器里的热水耗尽，冷水打到身上我才惊醒。那阵子我跟李亮抱怨过，李亮安慰我"做完这个项目拿到奖金咱们出去旅行一阵"，我心里有着这个念想，也便打起精神强撑着，心中祈祷着项目尽快完成。

孙妍去世的消息来得如此突然，我有几天都没缓过神来，上班上得浑浑噩噩。因为一不小心写错的项目数据，我还被领导揪着骂了半天。下半躺在床上，我就在想"凌晨才下班的人生，真的是我想要的么？"

[6]

我梦想的生活，是工资不用太高，但一定要有时间做自己喜欢的事情。可是这世界这么浮躁，人人都在拼命向前，被裹挟的我，也不由自主地踏进了这条无法回头的路。努力上班，好好赚钱，这是世俗定义的生活，每天都能看到满是"鸡血"的文章呼喊着"不努力的人都去死"，你怎么好意思不努力呢？

可是我越来越悲哀地发现——

钱，我有了。工作，我有了。可生活，我真的没有。

[7]

公司里曾经有位试图自杀的同事，那是一个看起来安安静静的女孩子，平常话不多，做事情也麻麻利利的。谁都没想到，这么一个人居然能狠下心选择用安眠药自杀，所幸室友发现得早，及时地把她送到医院，这才救回一条命。

公司的同事还都在惊讶时，我却想起在自杀发生的前几天，我们曾经在办公室里聊起过未来，轮到她时，她淡淡地说："我看不到未来，我没有一点时间做自己喜欢的事情，每天的生活就是工作，我没有时间谈恋爱，甚至连做一顿饭都那么奢侈。"如此想来，她一定是受不了这无趣的生活，却无力反抗，才选择让自己离开这世界。

[8]

我又辞职了。

在上司通知年底大项目来临，未来两个月所有休息取消后，在北京的雾霾压得人喘不过气来的时候，我选择了离开。

我放弃了一份在别人看来高薪又体面的工作，可是我心里一点都不觉得遗憾。因为这个时候我才终于明白，我要的不是很多很多钱，不是凌晨才能到家的工作，不是连蓝天都看不到的北京……我要的也许只是能够有时间做一顿饭，能够有时间陪爱的人，能够有时间浪费的生活。

凌晨才下班的生活，不是我想要的。只有一次的人生，不该被困在几平方米的格子间里。

从容一点，人生没你想得那么困难

[1]

几天前的冰雹，打碎了屋顶的一些瓦片。屋漏偏逢连夜雨，于是屋子里的住户就遭殃了。

住户是我的租客，房子我得负责，白纸黑字写得清楚。这事刻不容缓。于是，好不容易找到了工人，他磨磨蹭蹭地答应了，可是过了两天，还没动静。我问他，他说，腰扭伤了，动不了工。

我去了建材市场，抱歉，没有石棉瓦卖；找到工人，人家说材料他不管，你自个儿想办法，他只负责安装，600块，一分不少。我差点就答应了，省得麻烦。但我想再去问问。

后来，大街小巷地走，四处打听，终于买到了石棉瓦，顺便又找到另一个工人。我亲自上到6楼屋顶看了看，不像之前所说的那么难，只是坏了几块瓦，但是操作有些难度和危险。我说，我给你打下手，一起做，你开个价？那师傅报了一个价，我立马答应。包工包料，200块，省了很多钱。

师傅背来瓦片，我跟着一起爬上屋顶，在中间的隔热层里，蜷缩着身体，将20斤重的瓦片慢慢挪移，轻轻掀开头顶的瓦片，腾出空间，小心翼翼地走在屋顶的横梁上，找到漏雨的地方，把新买的瓦片仔细搭好。安全第一，活儿做得很慢，十分钟便满头大汗，衣服全被弄脏。

差不多两个小时，所有的工作结束。租客很感谢，倒了两大碗凉水，我与师傅咕咚地喝着，心里轻松踏实。

我从没想过会亲自上屋顶干这活儿。因为我没干过，脏、累、危险。可还是硬着头皮干了，也没觉得有想象的难。关键是租客满意了，压在心里的事解决了，也省了不少钱。

[2]

对未知的、麻烦的事，我总是想得到别人的帮助，花钱我也愿意。这是一种"趋利避害""避重就轻"的本能。比如我在电脑、电子产品上就是个白痴，设置路由器都恨不得找人上门服务。对体力活也是没有耐心，扛袋大米上楼，都想找人帮忙。我是个七尺男儿，怎么就不像个爷们儿？

有一次买了个电炉，人家送货到楼下，没搬运的师傅。我四处也没找到人，于是硬着头皮把100斤重的家伙搬上了六楼，大汗淋漓，但很有成就感。

还有一次搬家，搬家公司费用太高，我索性找了两个师傅，租了一个小货车，自己参与体力活。几个小时弄完，省了好几百块钱。

有一次急着用电脑，路由器却出现了故障，我差点就跑去网吧了。后来，自己边打电话咨询边慢慢研究，居然弄成功了。

然后发现，其实好多事没那么难，而自己是完全可以做的，只是因为懒成了习惯。

我在琴行里做过吉他老师，经常有人来咨询吉他，先让我弹点曲子听听。听了后，兴趣盎然。后来，自己试试。哎呀，手指按在琴弦上太难了，算了，学钢琴吧。好吧，我的生意又泡汤了。

其实，每一样乐器都不容易，万事开头难，但坚持下来就好了，可是很

不经历疼痛，哪有成功的蜕变

多人却因为怕"难"而拒绝了开始。到今天为止，还有一些同学告诉我想学吉他，但是因为"难"，迟迟没有行动。很多年前，他们就对我说过，如果早开始动手，现在已经会自弹自唱了。

也有朋友私信我，自己也想写文章，但总是难以下笔，怕写不好，有什么写作技巧没有？没有，先下笔吧。其实，除了上学时课堂上的作文，我也才正儿八经地写了一年，我成了一家网站的签约作者，也签了一本书。

我上的不是中文系，我只是想说，先去做，没你想象得那么难。

[3]

"我不会啊！"一脸无奈，渴求帮助的表情。这样的人，生活中并不少见。是让你研究宇宙飞船吗？是让你破解哥德巴赫猜想吗？都不是。

你可以把韩剧里错综复杂的人物关系理清楚，可以把麻将打得滚瓜烂熟，可以花一整天玩游戏不觉得疲惫。所以，你是个聪明而有耐性的人啊。只是，你懒，你怕。

从没有一个人会因为自己会的东西多而痛苦。而无能，大多时候是自己怕难而不敢尝试。

据说，人的大脑大部分未被开发，潜能无限。所以，我们为何要给"难"找那么多理由？没有人天生就会，但，我们有学习的能力和时间。约翰列侬27岁才开始学钢琴，村上春树29岁才开始写作，所以，只要开始，一切都不晚。

"困难像弹簧，你弱它就强。"从小听到的一句话，长大后，方知深刻有理。

所以，别怕难，我学会上房顶盖瓦片了，你也可以学一样技能。因为，艺多不压身。因为，可以更从容地去面对生活。

不辛苦，拿什么换你的自由生活

在大学里，是敷衍度日勉强毕业；还是争分夺秒，专业、社交，哪项都不能落下？

临近毕业，是选择考研，赌一个也许更好，但却不确定的未来；还是随便找一份工作，平淡安稳？

工作两三年，新鲜劲散去，是接着奋勇向上；还是调到一个清闲的岗位，岁月静好？

如果提出以上问题的是一个女生，那么大部分的七大姑八大姨加上路人都会说，姑娘不要太辛苦了，姑娘不要太强。

因为太强很累。

好像有那么点道理。在这个世界里，好像让姑娘不要太累，天经地义。可是不要太强，到底是什么意思？不要太强，过得就真的比较好一些吗？

Paloma是巴西一家电视台的女记者。2008年的时候，我们就认识。当时，北京奥运会，我给那家电视台的奥运报道团当翻译，她是那个报道团最年轻且是唯一的女记者。

那一年，是大二的暑假，我看着全天候24小时连轴转的记者报道团，瞬间明白了为什么这个行业绝大多数都是男生，且做得出色的也都是男生。

很简单。因为电视行业太累了啊。且不说能不能熬夜，就是同样需要帮摄像拿三脚架、坐在任何地上都能开始编片的能力，女生确实天然弱势。

Paloma是体育记者。我问她，巴西是不是也和全世界任何一个地方一样，成为著名电视台的出镜记者，特别特别困难？女生做电视，是不是特别累？

当时，我记得已经一个通宵没睡觉的巴西姑娘，寥寥数语。她说，做电视确实太累了，这个行业你要做得强就很累啊。我以为她敷衍我，没认真回答，但是还有下半句。

"可是，其实不强更累啊。"

后来的很多个时刻，我都深深感受着这句话的力量。

毕业季，大家都说找工作难，可是总有那些"大神"们，手里握着一把的offer，挑挑拣拣，羡煞旁人。而我们却忘记了"大神"们的大学是怎么过的，大神们有漂亮的成绩单、出色的社会活动表现、500强的实习经历。他们在拼命为这一切努力的时候，我们在一旁看着，撇撇嘴说，女生不要太强了，你看她们多累。

当她们轻松在一众offer里挑挑拣拣的时候，其实轮到我们累的时候到来了。跑了n场宣讲会，却连能去面试的机会都很难得到；从秋天到冬天再到春天，找了大半年工作，依然没有一个满意的offer；即使有了offer，我们又嫌起薪太低，上升空间有限。

不强，是不是更累？

而这仅仅是一个开始。从这个节点开始，我们做着味同嚼蜡的工作。想说要不然还是随便混混吧，反正干多干少，工资都一样，要那么辛苦干吗。于是，我们再一次选择了easy模式，上班淘宝，下班收快递，就这么过了几年，觉得居然也还不错。然后，等到五年分水岭出来的时候，我们望着再次出国深造的费用，望着直线上升的房价，望着手头上鸡肋般的工作，无力感是不是难以阻挡。

不强，是不是更累？

然后我们在父母的支持下买了房子，成了家，面对每个月必须要还的房贷，你还敢放弃手头上鸡肋但却有稳定收入的工作吗？

这是一个不强的恶性循环。不强，让我们只能抓住手上现有的，不敢冒险，不敢放弃；也让我们丧失了更多选择的机会，做着十年如一日简单、重复的工作。不要太强，过得真的就比较好一些吗？

2014年的时候，我在世界杯赛场上再次遇到了Paloma，在媒体中心里遇见六年没有见过也鲜有问候的故人，激动之心难表。她惊讶于，我也成为了一名记者，并且在她的国家做了一名驻外记者。而我惊讶于，这个告诉我"可是，其实不强更累"的姑娘，已经成为了她所在电视台的当家花旦。

她不再需要坐在地上剪片子，不再需要做那些大牌记者做剩下的选题，不再需要对着自己不喜欢的体育项目，强颜欢笑。她在一个视足球为生命的国度里，成为了当家足球记者。

太强辛苦吗？其实答案是肯定的。一定辛苦。

最开始，她从为球队接机送机的记者做起，小个子的Paloma淹没在那些人高马大的男记者中。一点一点，她争取到了2008年北京奥运会的机会，她成为了报道团唯一的女记者。再后来，万众瞩目的世界杯，她是当家一姐，全程有最好的机位、最热的话题、最优先的连线时间。她可以选择她想做的内容，拍她想拍的故事，做她想做的采访。

强大，意味着你在一个团队里有优先的选择权，在职业生涯里，你可以尽可能地走那些有效的路。那些暂时看上去不累的工作，到最后失去的却是最重要的——选择的权力。

曾经有一个小女孩问我，觉得什么样的人生最好。我仔细想过以后，成为了我一直到现在的答案。

不经历疼痛，哪有成功的蜕变

　　我觉得自由最重要。我想要一个自由自在的人生，不是要随时随地可以出去旅游，不是要上班不受领导约束，而是在每一个我想要改变，想要尝试一种不同的生活，想要再往前走一步的时候，我永远都有选择的权力和能力。

　　而这一切的前提，是只能是让自己变得强大起来，即使这样做很累。

用小胡子先生的话说，他是在自己30岁生日那天，突然悟了。

悟，这个字，听起来就很谨慎。形容起来，更像是架构在想象和事实之间的一种天然直觉，在某种特定时刻，凝为利刃，轻易击中蒙昧者的软肋，瓦解过往种种不甘与困惑。小胡子先生在这家4A公司呆了近十年，凭借笔头下的金戈铁马，总算摘得该行业战场上的标杆性旗帜。

成也笔头，败也笔头，撑到底还不过是个穷书生？大概在小胡子先生工作四五年的时候，他就开始思考这个问题，写作带给他的投入感和成就感逐渐磨损不堪，倒不是说他不热爱这个行当了，只是，在立足生存之上，一些不甘心的鲜活欲望总会来时不时骚动他。格子间、反复无常又有迹可追的热点新闻，从被气到跳脚的甲方到被虐麻木的提案，不知丢过多少飞机稿，掰碎过几片安眠药，电脑桌下的垃圾桶干净到只有熬夜用的速溶咖啡包装袋，小胡子先生早就受够了这样的日子。

写出再多动人的奢侈品广告词，还是给女朋友买不起爱马仕。

那个时候的小胡子先生年轻气盛，心比天高，一小撮山羊造型的胡子看起来个性鲜明。在公司里，大家背后都把他归为"不太好惹"的类型，藏得一副商业好头脑，偏又放不下文人那一股子高傲，能入他眼的合作项目，屈指可数。加之，他的脾性实在游离在群体外，有好点子不喜欢分享，明明缺钱还硬要逞强，做人待事间流露出的都是富有偏激色彩的危险信号。同事们自然是对他敬而远之，敬他的才，远他的怪。

第七年的关头，小胡子先生终于升上了部门经理。

但却算不上一件好事。

在他自恃清高的背后始终包裹着一颗畏惧心，畏惧人群流行，畏惧大众权名，畏惧商业涨停，然而，这些畏惧本身恰恰都是阻止飞行最大的障碍物。

职场人都是不停地摧毁和重塑的过程中成长的，停止热情，是很危险的事情。作为资深文案，他早就形成了自己的工作套路，创意的匮乏和滞后的执行无不彰显着他快被时代Out的事实。升为部门经理，看似光鲜，实则架空了小胡子先生的资源，这个大半青春都埋头供给写作的手艺人莫名其妙成为管理层——众多摆设里的一座钟表，滴滴答答，提示着企业仍旧继续向前的命运。

小胡子先生是那么爱折腾的人，自然不甘如此。

坐在偌大空旷的独立办公室里，千军万马奔腾涌来的想法从脑袋里跑出来，这些年里关于"想做而没去做"的零星思路逐渐串联成一副清晰卷轴，缓缓铺陈在现实前。留下来，就是舒服的混吃等死，离开呢，恐怕是一场没有筹码的枪林弹雨。小胡子先生有点期待，有点不知所措，毕竟在这家知名4A公司多年，倘若顺理成章留下来，就算是花瓶，也是被摆在时代最高贵柜台上的花瓶。

自我矛盾中，小胡子先生以观望的姿态，度过了职业生涯中最难熬的一年。因为心态实在糟糕，他没有精力投入于工作本身，那些到处充斥在他周围的幻想、渴望，和对于组建新鲜事物的好奇，不断啃食着他生活的热情。

这样的状况，一直持续到他30岁生日这天。

他从公司帮他置办的狂欢派对中悄然逃走，回到没有烛光和蛋糕的家里，掏出一支许久未动的笔，在白纸上开始顺着夜色漫无目的写字，只是单纯的写字。不像他年轻时代对于文学的过分迷恋和附加性判断，也剔除职场行为的企图心，在敏感的手指下，触觉拉动回忆，他想起故乡的云，初恋的吻，大学老师手里叶芝的诗，还有刚刚工作时，为一份比稿奋斗至通明的小激昂，那些在岁月里无足轻重的经历似乎在此刻汇聚成孔，为他，钻开了一个全新而熟悉的世界。而这，就是他本心就要去的地方。

真正的顿悟向来是自然之间发生的，用不着四处寻找，用不着刻意等待。

在某一个特定时刻，灵魂会夹带着你来时的愿望和去向，灯火淋漓，白马惊蹄，锐不可当冲破城市边境的虚无幻想。

时间啊，终究会把人类带向应有的境地，或选择，我们在当下所需要的不过是一种正念，一种发自肺腑无关神明的信仰。处理好同自身之间的关系，捋顺输出和收纳的观点，跟随着事物深处本身蕴含的教育性迂回前进，别试图抗拒它、堆砌它。因为，那样只会让你离真实的世界越来越远。

悟了，一切就都对了。

小胡子先生很快做出了成年后最疯狂的决定，在别人眼里的"快要退休的年纪"里，辞掉了那份原本高枕无忧的工作，开始创业。

随着工作同时改变的，还有小胡子先生的脾气和做事方式，简直脱胎换骨。过去见人从来不打招呼的高冷大神，居然会主动帮同事带早餐。在之前的工作中，如果有员工或同事写的稿子不够满意，他肯定毫不留情，并用尽犀利之词的直接指出，现在却能心平气和给实习生讲半小时的解决思路。

告别旧时酸秀才故作的矫情，创业后的小胡子先生最喜欢对90后说的一句话就是："别想太多，别把大好的时间浪费到无用的揣测当中去，想做什么就去做，在专注中自然能获得应该来的答案"。

所有的悲观都是事先概括而来，所有的成就都是逆流倒推而出。

年轻人们，别想太多，心态好，才是治愈迷茫的解药。正如记者采访张朝阳时，谈到年轻时候的他所说——我突然意识到自己过去想太多了，很多精神病症患者都是因为想太多、钻牛角尖，负荷思考有时的确具有危害性。

想太多，不会悟，只会误入歧途。

最令人跌破眼镜的还有，从前看人只能看到缺点的小胡子先生，如今竟懂得挖掘对方身上的闪光之处。圈子里流传最广的一件事，是他在创业第二年的时候，去电影院看电影，碰到一个直呼是他多年粉丝的检票员，男孩说："我看过你写的博客，角度新颖，有深度，每次都能把乏味的广告写成有趣的评论"。

若是放在过去，小胡子先生最多给个高傲的微笑，然后扬长而去。

自从顿悟之后的他，开始学着正视生活中所遇到的一切机缘。那天，他没有选择进去看电影，反倒是诚心诚意在检票口和男孩聊了整个下午。从严肃广告到娱乐八卦，从日常琐事到市场评估，从电影院最热的一部影片沿途扒过其商业模式、盈利范畴，直到男女主角各自的情路坎坷。男孩条理清晰的逻辑和过人口才，都令小胡子先生觉得可喜，离开之前，小胡子先生递上一张名片："如果你不嫌弃我这个创业公司，就来试试吧"。

一周后，男孩顺利入职。

三年后，这个男孩成为这家公司的市场总监。

菩萨畏因，凡夫畏果。在如今的闲聊当中，男孩回忆起当时的情形仍心存感动。小胡子先生宣布他入职的时候，公司里其实是有很多同事持反对票的，毕竟无论是从学历，还是从经历来讲，男孩都显得太没有竞争资格。尤其是当时他们的创业团队本身极其不稳定，这样的风险，哪个老板愿意担？

可小胡子先生坚持自己的观点，没有什么是你在经历过程中就能够知晓对错的，甚至拿哲学的伪命题来讲，没有什么是对错。可当你做出一个决定的时候，就是对的了。

好多年过去了，小胡子先生温文尔雅的口碑在广告界已是美谈。今年年初，他的公司挂上了新三板，多有谈资者乐意前去道贺寒暄，到了办公室，却认不出眼前那个穿衣普通、胡子拉碴和助理一起提上咖啡的中年男子就是传奇主角。

有人觉得小胡子先生真是太普通了，看起来和普通人一样。

"看起来一样，有什么不好的？至于真的一样或不一样也没什么差……反正，日子是自己的。"，小胡子先生泯了口咖啡，推过菜单来，温柔示意我吃什么。我却突然有点恍神，关于"我们到底要和别人活得一样，还是不一样"这个话题，说大了是哲学，说巧了是心态。

心态支配一切。

看见美好，才能享受得起美妙。

正如《三个火枪手》中写道，忧郁是因为自己无能，烦恼是由于欲望得不到满足，暴躁是一种虚怯的表现。我们大多数人从混沌到顿悟的这个过程中，失去快乐的原因都是摇摆在不甘心和不努力中间，既然如此，不如先试着"放低自己"。

学会放低自己，并不是在教唆你与看不惯的一切同流合污。而是试着引导用更温和的同理心去对待事物，不要被太多形式感左右，努力靠近真相。

过去的小胡子先生总认为自己和别人不一样，可你不走进真正的人间，又岂能知道自己不一样在哪里？

如果他一直是当年那个高冷的文案大神，可能依旧不快乐，依旧会因为竞争的夹挤和情绪的无常而忧心忡忡，始终寻不到别人身上的好，无法配合团队，没有知心伙伴，单薄落寞地坐在那间养老式办公室里，鸟瞰城市霓虹。可如今的他，却是披着一身自由站在了更高的、有风的屋顶之上，支撑起无限遐想。

身后还有更多的勇士，陪他一起张扬。

不经历疼痛，哪有成功的蜕变

可不可以
不要孤独打拼

　　一位男性读者在后台给我留言：你的文章《穷太久就是你的错》几乎刷爆了朋友圈，很多女人赞同得不能再赞同，突然感觉很绝望，好像这个世界上肯陪男人奋斗的女人已经绝迹了，每个女人都要求男人有房有车，难道在这之前男人只能一个人孤独地打拼吗？

　　这个世界上愿意陪男人奋斗的女人少吗？就我所看到的现象，不但不少，反而多不胜数。只是很多女人看到那些陪男人奋斗十几年，最后却落得人财两空、心碎神伤的可怜人，于是，畏惧了付出的脚步，害怕落得同样下场，但若你真是值得她付出的男人，让她感受到了你的努力和过硬的人品，她依然会义无反顾地陪你同甘共苦。

　　当然，这个世界上确实有出卖尊严和感情换取富贵的女人，但你想娶的是这一部分女人吗？而且我相信，大部分姑娘想找的还是一个知冷知热的伴侣。

　　三毛与荷西有一段著名的对话，荷西问三毛：你想嫁一个什么样的男人？三毛想了想说：要是中意的话，千万富翁也可以嫁，要是不中意的话，亿万富翁也可以嫁。荷西说：说来说去，就是想嫁个有钱人喽？三毛说：但如果是你的话，只需一日三餐，并且以后还可以吃得再少一点。

　　女人其实是非常感性的，也许她曾经幻想过要嫁入豪门，也幻想过要找个帅哥共度一生。后来某一天，她遇到的男人既不富裕也不够帅，可是却让她感受到了无与伦比的诚意与爱意，她会忘记自己曾经设置的条条框框，义无反顾地爱上这个男人。

这个世界上永远不缺乏愿意陪男人同甘共苦的女人，曾经有位姑娘给我留言，她男朋友家里很穷，又刚工作，两个人约会，吃顿饭看场电影，男朋友接下来的日子就很紧巴，而她家境比较好，舍不得看他受苦，很多需要花钱的地方都想自己来出，但是又听身边的人说不要给男人花钱，不知道怎么办才好。

男人可不可以花女人的钱呢？我认为可以，但必须要注意两点，一是花的时间长度，如果一辈子都花女人的钱，似乎有点说不过去吧？二是看态度，如果一个男人花女人的钱花得理直气壮、毫无愧色，那这种男人根本不值得在他身上浪费一毛钱。

其实很多男人在成功之前都一定程度花过女人的钱，比如著名的导演李安，曾经就靠太太养了六年，但这六年来，他并不是安于现状地接受太太的奉养，他有自己的追求和梦想，所以才会有后来的成功。在那六年里，他并没有心安理得地由太太养家。太太在外上班，他包揽了所有家务以及带孩子的任务，以减轻太太的负担。

还有马云，当年决定创立阿里巴巴的时候，经济窘迫，只能拿太太的工资去维持日常，实在拮据的时候，去义乌批些小商品来买。曾经有位男士在某次聚会时以此例来教育在场的所有姑娘们，意思是姑娘们都别太现实，不肯陪男人同甘共苦，所以才培养不出马云那样的老公。此举自然引得姑娘们嗤之以鼻，纷纷质问该男士：马云成功后与太太共享成果，所以他值得太太为他付出，但这代表所有男人都值得女人付出吗？

我们先不管有几个男人能成为马云，我想除了极个别不现实的女人，大部分女人并不会奢望自己的男人必须成为亿万富翁，她们仅仅要求一点：我能与你共苦，但可以同甘时也不要无情地对待我。

我曾在一个情感机构做过几年义工，接触了上千个案例，发现了一个很令人深思的现象：大凡叫嚷着要女人陪自己同甘共苦的男人，一旦女人不愿意就满世界抱怨女人太现实、太功利，在成功后抛弃发妻的比例非常高，只能共苦，不能同甘；而那些并不要求女人必须陪自己同甘共苦的男人，成功后反而不会判若两人。当然，这些案例并不能代表全部男人，但起码也能说明一些问题。

有一种男人是真的完全不值得女人跟着他吃苦受累，穷也就罢了，心态还不好，脾气暴躁，动不动就把气撒在女人头上，简直就像网上极为流行那句话的写照：你骑个破自行车还天天让人家哭。

而一个有上进心、懂得珍惜、善待爱人的男人，即使白手起家，也有女人愿意陪着他走过人生的每一个阶段，无论贫穷还是富贵。

前几天，我和阿彦去一家排挡吃夜宵，排挡不大，甚至有点寒酸，但是味道特别好，光顾的人非常多。经营排挡的是一对外地来的夫妻，丈夫掌厨，妻子端送。

我们刚刚开吃，就听见一声惊叫，回头一看，是一位客人转身拿碗不小心撞到了端汤过来的女店主，刚刚起锅的汤滚烫滚烫的，女店主手里立刻起了一排燎泡，男店主立刻放下勺过来察看："怎么了烫到哪里了？"

女店主使劲把手缩了回来："没什么，就一点点，你去烧菜吧，客人都等着呢！"

男店主却满眼都是心疼，转过身来对我们说："不好意思，今天我媳妇烫伤了，我得带她去医院，今天晚上就不做生意了，实在对不起大家，今晚就不收钱了，不好意思啊！"

女店主想阻止丈夫："哎，我不严重，自己擦点药膏就行了，你还是招呼客人吧！"

但男店主坚决要带她去医院，大家也纷纷理解地起身。

我和阿彦散步回去，看见他们在路口拦车，不由驻足了一会。

女店主心疼地说："我真的不要紧，你非得提前关门，我们今天少赚了一两百块呢！"

男店主用不容置疑的语气说："少赚一千块，我也得带你来医院，你看你的手已经这么红了，不知道明天会不会脱皮，你嫁给我这么久，没让你过上好日子，还让你遭罪，真的觉得很对不起你。"

女店主嗔怪道："你对我还不够好啊？有什么好吃好穿的都先紧着我。"

男店主叹道："本来你完全可以嫁给比我更有钱的男人，这样也不用起早摸黑地跟着我出来了。"

"傻瓜，夫妻俩还说这种话。"

我突然觉得眼眶湿湿的。

回去的路上，我对阿彦说，如果我是那个女店主，丈夫如此疼惜我，就算每天陪他粗茶淡饭，我也愿意。

阿彦逗我："那就没有你喜欢的翡翠，也没有你喜欢的宝石了，你还愿意？"

我重重地点头："我还是愿意，那些东西可以不要。"

永远别低估女人陪你同甘共苦的决心，只要你值！

别让成功
坏死在安逸上

做好该做的事，

你以后才有更好的条件来做你想做的事。

该做的事情没有做好，

你有什么资本去做想做的事情？

那些比你厉害的人，
你比他更努力就好了

[1]

身边的人的成功，会让你难过。

前几天，我更加确认了这一点。

那时候我在机场，飞机因为雾霾延误了，被迫听了旁边两个女生讲了一个多小时的坏话。

好吧，我承认，不是被迫，我听得还挺高兴的。

A女生说的是她同学的坏话。

貌似是她的大学同学，她们毕业4年了。她的同学在互联网公司，才26岁，最近被破格提拔为部门总监，据说他们公司要给她发36个月的年终奖，算下来有70多万。

我在旁边都惊到了。妈呀，70多万啊，太多了吧。小龙虾可以随便吃啊！爽！

A女生很愤愤不平，"她凭什么可以混得这么好啊，当初我们上大学的时候，没觉得她有什么厉害的，跟我一样，六级都考了两次才过……"

B女生一直在附和，"是啊，这个社会就是这么不公平……"

B女生讲了她同事的事。

听她的意思，应该是她同事几年前辞职创业去了。然后她同事的新公司越做越大，最近居然把她们原来的公司给吞并了（妈呀，这两家公司我都听过）。

B女生完全接受不了的是，曾经的同事，变成了她现在的董事长。以前都叫她小x，现在得叫她x总。

她说，"以前同一个办公室的时候，跟我差不多啊，好几次方案还没我做得好呢……凭什么现在她就上天了……什么世道……"

她俩延续这个话题说了一大堆，反正中心思想就是：不爽曾经跟自己差不多的人，现在发达了，脱离自己的阶层。

她们心里不平衡：

明明大家起点一样，凭什么Ta现在这么厉害，显得我这么挫？

其实啊，道理很简单，因为你们从来都不一样。

除了你们在同一个教室上过课，在同一个办公室上过班之外，其他很多地方都不一样。

同班和同事，也不是什么起点——这只能证明你们曾经有过交集，跟你和别人搭了同一班地铁、同一班飞机差不多。

你和马爸爸有可能搭过同一班飞机，你和他起点一样吗？

你和杨洋有可能搭过同一班地铁，你和他起点一样吗？

很多人总是因为曾经跟别人是邻居、是同学、是同事，现在人家过得好了，就理直气壮地嫉妒别人。

事实上，这是很没有道理的。

[2]

首先，你们的家庭背景不一样。

弗洛伊德的童年理论还是很管用的，一个人的童年经历会影响他的一生，尤其是性格和价值观。

家庭的经济条件，父母的文化水平、性格、教育理念、感情状况，这些对孩子影响太大了。

同一个班，一个穷养，一个富养，两个小孩完全不一样——穷养的往往更自卑，更在乎钱，更没有安全感。

一个父母恩爱，一个父母离异，两个小孩也完全不一样——单亲家庭的孩子往往比较好强，比较希望能证明自己。

不能因为你们同一个班、同一个办公室，就当这些差异不存在了。

同学之间、同事之间的差异，有可能比人类和猩猩的差异还大。

尤其是在学校的时候，是单一维度的比赛，只比成绩，其他的能力被屏蔽和忽视了，真正到了社会，才是多维度的比赛。

以前只比赛跑，现在比十项全能，排名当然就变了。

你一直揪住当年赛跑的成绩不放，只能说明你还停留在过去呀。

其次，你们的见识和格局不一样。

就拿同一个大学宿舍来说，一线城市来的，和二三线小县城来的，最开始的见识和格局差蛮多的；

大学四年，看很多书，认识很多有趣的人，去各个地方旅游，和只是宅在宿舍打游戏的，见识和格局也会差很多。

就像我同事说，大一的时候，他想挣钱给女朋友买礼物，就去真×夫打工，同宿舍的老六说要一起去，然后他在那边待了一个暑假，攒到了钱，满足了。老六还多待了两个月，不知道图什么。

到了大三，他才知道老六在图什么，人家在学校门口开了一家快餐店，上来生意就不错——因为老六在真x夫，把运营模式给摸透了。

老六的快餐店迅速扩张，到大四的时候，已经开了三家店，赚了几十万，成了学校的风云人物。

老六早就知道自己要什么，坚定去执行，这和我同事懵懵懂懂、走一步看一步是完全不同的（然而我为什么招了这样的员工？我陷入深深的沉思。老六，我最近还招人，你有兴趣吗）。

哪怕你们看上去做的事情都一样，但是本质是不同的，因为你们的格局不同。

[3]

还有更重要的一点是，你们的努力程度不一样。

一种努力，是你看得见的。

比如同一个宿舍，大家都是废寝忘食，但是有人废寝忘食地打游戏，有人废寝忘食地去图书馆，结果是差很多的——前者有可能成为游戏解说，月入5万起；后者有可能成为图书管理员，月入5000……

另一种努力，是你根本没注意到的。

我朋友以前在一家企业内刊，每个月写一点让老板高兴的文章，老板又讲话了，老板又英明神武了……整个杂志俨然马屁机构&养老机构。

她和同事们上班就刷刷淘宝、斗斗地主，下班回家继续刷刷淘宝、斗斗地主。

突然有一天，她同事成了名人，因为在晋x文学网上写网文，火了，开始出书、签售，公司有很多人是她的粉丝，经常有人来找她签名。虽然不愿意承认，她确实有点嫉妒——以前，她比同事受欢迎多了，她同事根本没什么存在感，写的稿子一塌糊涂，经常被老板骂，凭什么现在就是作家了？还凭空冒出那么多粉丝了？

她后来才知道，那个同事，每天下班搭地铁都在构思小说，回家就开始猛写，保持日更一万字。连怀孕期间都一直在写，只有生孩子那6天休息了一下，其余时间都没放松过。

每天一万字啊，一般人都没法想象（我每天写几千字已经达到极限了）。

我们总觉得别人跟我们一样。

其实我们活在错觉里。

我们甚至还觉得很委屈，明明我们已经蛮努力了，为什么有些人，毫不费力就超过了我们？

因为人家在我们看不见的地方，拼尽了全力。

就像读书的时候，那些该死的学霸，平常上课要么睡觉，要么聊天，下课还特么跑去打游戏，各种花式秀智商，一到考试前，还说自己没看书，没复习，然后就考了全年级第一名。

真是无话可说！

明明回家拼命看书，疯狂刷题。尤其是考前，拼了老命，通宵熬夜。

我们能怎么办呢？

我们阻止不了他们偷偷努力，只能比他们更努力。

未来有无数惊喜，
你得去追才行啊

曾经我非常喜欢一句话，"我不在乎自己是不是可以很快实现目标，但是我希望我可以一直走在通往实现目标的大路上，速度不重要，但是方向要正确"。

这句话我和很多人都分享过，大家也觉得这句话是有道理的，因为我们谁都不想南辕北辙，如果一开始走的方向就不对，那么无论我们付出了多少努力，都是徒劳无功的。

古人云，"人无远虑，必有近忧"，所以，我们每个人在做事情的时候都希望自己能有一个明确的方向和目标，毕竟我们现在的每一次规划都会对未来有莫大的影响。当然，我们选择的方向一定是我们经过深思熟虑之后确定下来的，而且至少它在我们心里是最好的。而这个目标则一定是具有可操作性并且有实现的可能的，并且沿着我们设定的方向最终一定是会达成目标的。这种感觉会让我们感觉活得很踏实。

可是生活往往是事与愿违的，即便我们规划得再完美，也有极大的可能出现一些不可控的因素，让我们的想法付诸东流。这也就是我们常说的"计划没有变化快"。

一旦发生这种状况，我们难免就会失落，甚至是绝望。可是，有时候回过头看一看，好像我们的生活中，有很多的事情没有按照我们的计划去实现，甚至最后的走向和我们一开始的意愿完全相悖的。

　　但是，这样的生活就一定不好吗？如果某件事情一开始就看不到确定的未来，那么我们就真的不会付出吗？

　　如果，我们仔细想一想，生活中什么事情是一定会发生的吗？又或者说，我们可以保证哪件事情一定会按照我们预先设定的方向然后不差一分一毫的发生呢？好像并没有。

　　就像我们计划周末出去郊游，朋友也约好了，食物也准备好了，地点也选好了，天气预报也提前关注了，可是偏偏就在出发前的那一刻领导打电话说有急事让你回来加班，一切的计划也就这么泡汤了，不是吗？不是我们不想去，也不是我们准备得不充分，而是很多不可控制的因素偏偏就有可能随时发生，而我们无法阻挡。

　　所以，很多人也知道许多事情就是充满了不确定，所以我们总是试图用一切方法来证明它是可以被确定的。例如，许多年轻人会在结婚前先选择试婚。试婚的目的是什么呢？其实就是为了排除婚姻的不确定性。

　　不管对于谁来说，婚姻都是非常重要的，即便我们在恋爱的时候可以抱着玩玩闹闹，不行就散的态度，但是一旦涉及婚姻，我们就变得谨慎小心起来，都希望自己可以与另一半白头偕老。

　　但是，这件事情根本不是一句两句承诺就可以解决的，还有很多因素需要考量，例如家庭条件、双方父母、彼此性格、三观等，所以这个时候看似最保险的方式就是试婚。我们在没有真的结成夫妻的情况下，按照夫妻的状态去生活，模拟婚后的生活，看看我们是否可以彼此适应，如果觉得OK的话，那么我们再去考虑用一张证书来将这段感情合法化。

　　可是，试婚真的那么有效吗？未必吧。试婚的时候过得幸福的人就一定白头偕老？每个人每分钟都在变化，通过试婚了解婚姻中的一些形态，但是想要这种方式来保证相守到白头，那就真的是徒劳无功了。

为什么会这样呢？我们那么努力地想要一个确定的未来，为什么结果总是差强人意呢？这与我们一开始对于未来的认知就存在偏差有莫大的关系。

什么是未来？未来就是尚未到来的所有事物，而正是因为它们都没有到来，我们才会对它们有期许，而且坚信自己只要努力就还有改变它的可能，所以未来之所以称之为未来的一个最基本的特征就是它的不确定性，如果我们能保证它的确定性，它就是过去或是现在了。

所以，当我们开始规划未来，并期待着它能按照我们期待的方式如约而至，这本身就是有问题的了。当然，这并不是说因为未来的变化莫测，我们就不需要去努力，而是说，我们依旧可以按照自己的方式去期待，只不过结果是什么样子的我们无法强求。

这么看来，我在文章的一开始提出的问题"如果某件事情一开始就看不到确定的未来，那么我们就真的一定不会付出吗？"这个问题本身就是没有价值的了。因为，人生中就没有确定的未来，但是为了生活中的物质寄托也好，精神寄托也罢，我们一定会去付出，否则要怎么证明我们没有在这人世上白白走一遭呢？

更何况，也正是因为有了这些不确定性，生活才变得有意思起来，它会给我们带来无限惊喜，哪怕有的时候是惊吓，其实也没有关系，因为这些都将是我们人生的财富，让我们可以更勇敢地去面对接下来所有的不确定。

这是我偶然间在微博上看到的一句话，在今天文章的最后与大家分享。

有人问我，如果看不到确定的未来，还要不要付出。我只能说，并不是每一种付出都是在追寻结果。有时在付出的路上，能够收获的，是清楚地看到了自己想要的，或者不想要的，这又何尝不是一种宝贵的结果。做一个温柔多情的人，好过有一颗冷漠的心。

你的人生不会因为
朋友圈的点赞而有不同

[1]

今天，我把我死党超哥的朋友圈屏蔽了。我之所以屏蔽他，不是因为代购、刷屏等无聊信息，而是因为30岁的他已经"死了"。

我是多么想留住当年他留给我的果敢、坚定的形象，所以我不想看到一具像是超哥的尸体还在网上蹦跶。

在这个指尖上的中国里，朋友圈里每天都有人像超哥一样"死"去。下面跟随镜头，我带大家走进他们在这个世界的最后几天。

周一，超哥更新了朋友圈，是专家为他们进行培训的一组照片。照片里有他和专家的合影，底下配有文字：每天都在不断进步，加油努力超越自己。

我知道这个专家，讲的内容都是20世纪的东西。也许超哥勤奋好学，但我搜遍了他一年的朋友圈，没有他自己上台讲课的照片。我不禁联想，当年师范生教学比赛一等奖的超哥去哪了？

周二，超哥再次更新。他拍下了妈妈在打扫卫生的照片，并配有文字：妈妈老了，是该我们儿子回报她的时候了。

朋友圈下面数十个赞，评论里不断赞赏超哥是个孝顺的儿子，超哥更是热情回复，回复都是大段内容，言辞诚恳、文采飞扬。

我想，真正孝顺的儿子，此时还是接过妈妈的扫把吧！

周三，超哥又一次更新。他放出了他熬夜工作的照片，照片里的他憔悴不堪。照片配有文字：不要在奋斗的岁月里玩手机。在焦急地等待了两分二十七秒后，领导点赞了。

他满意地把文件丢开，他坚信自己从此会加薪升值，迎娶白富美，走向人生巅峰。

两年后，领导已经为他累积了不少赞，只是他的职位和薪水始终没变动过。也许在奋斗的岁月里，真的不能玩手机啊。

周四周五周六，超哥放出了自己在健身房的照片，配上了杨绛百岁感言作为文字。照片上的超哥很得意，就好像他自己真的每天都在锻炼，每天都在看书。

所以他完全不知道，他在健身房的照片上一点汗水都没有，假如他真读过杨绛的文字，就会明白先生是不会写百岁感言这种鸡汤文的。

和我一样真正在意超哥的人，是不会为他的这些行为点赞的。

周日，我在超哥更新自己朋友圈前，选择了将他屏蔽。伴随着屏蔽的这个动作，朋友圈上的超哥的头像消失，我心里那种恶心的感觉立刻被更大的空虚所融解。

原来点赞之交可以淹没的不仅是真正的朋友，还有真正的自己。

在朋友圈这口枯井里喊话时，那震耳欲聋的回声，可以彻底把你爬出这口井的愿望掩盖，就好像你真的是这个世界的主人一样。

[2]

五一节的时候，我约一位老友出来聚餐。

电话打过去的时候，老友惊讶地说："我已经去美国工作了，难道你不知道吗？"

我问什么时候的事？为什么不通知我？

老友反问我："你是不是把我的朋友圈屏蔽了，我每天都在发啊。"

我没有屏蔽他，只是我的好友太多，我几乎没有阅读朋友圈的习惯了，偶尔利用碎片时间看下都很奢侈。

我笑着告诉老友："你应该电话我，而不是发朋友圈。如果我今天也是朋友圈邀约你吃饭，你赴约吗？"

老友也笑着说："是啊，你一天分享你的鸡汤文，我早把你屏蔽了！"

我暗暗捏了把汗。假如我看了他的朋友圈，知道了他在美国，没有电话邀约他聚餐而是朋友圈下面点赞的话，我们的友谊估计真的终结了吧。

黑塞说过：也许有一天，不管有没有导线，我们都会听见所罗门国王的声音。人们会发现，这一切正像今天刚刚发展起的无线电一样，只能使人逃离自己和自己的目标，使人被消遣和瞎费劲的忙碌所织成的越来越密的网所包围。

在微信已经成为低成本沟通工具的今天，黑塞的话成了绝佳的预言。

我们在朋友圈里成了一个自己不认识，别人不理解的人。我们聚精会神地盯着是否有人点赞，却不知我们的内心早已荒无一物。

[3]

和一位硕导聊天时，他告诉我：多数考不上研究生的学生都喜欢在朋友圈里发自己刻苦努力的照片，真正成绩优秀的学生，进图书馆是不带手机的。

我对号入座了十几位同学，发现硕导说的无比正确。

情圣告诉我：喜欢在朋友圈刷屏美食的人，多数是单身的人，一个有固定性生活的人，是不会对食物成瘾的。

这次我不敢对号入座了，但我想起了心理学的一个经典实验——大鼠实验。当老鼠们生活在有性伴侣，有玩具和充足食物，甚至有音乐的环境中时，他们会无视实验者提供的免费海洛因。

我身边越来越多的朋友选择停用朋友圈，甚至开始使用传统的信件进行交流。

以前我真的不理解。在微博、知乎、简书这样的平台上，陌生人之间还能愉快平等的交流，可为什么到了朋友圈，大家更多的是反感和不屑。

后来我知道了，在这个越缺什么就越觉得别人在炫耀什么的时代，朋友圈变成了敌人圈。

既然在敌人圈里，虚张声势是必要的。于是朋友间除了互相伤害外，还学会了一种用发朋友圈来代替实际行动的"聪明"战术。

换句话说，你之所以懒，是因为你已经在朋友圈努力过了。这件事只能麻痹你自己，你最亲的朋友是知道这点的。

每个人阅历见识不同，不可能所有新状态都符合你的胃口，有用的信息自是需要你去筛选的。你觉得朋友圈要死去了，那只是因为你的境界和层次已经超出大部分人，朋友圈的营养已不足以支撑你的精神需求。

很多人迷失在朋友圈的别样生活里，他们满怀希望用朋友圈去统治别人的情绪，殊不知却把真正的自己困死在了虚无的点赞中。

当他们意识到朋友圈里的生活，不过是廉价的家家酒时，他们就把自己生活的真正潜力永远扼杀在摇篮里。

我希望能够做一个独立的人，不管朋友圈有没有赞，我的奋斗计划都将继续下去。我想永远地把我自己的命运牢牢掌握在我的手里，即便代价是在精神上要永远保持孤独。

一个人也能快速地成长

[1]

后台读者私信我，说在她们学校里，学习氛围特别差，寝室三个室友整天玩游戏，追剧，只有她一个人想要认真读书学习，这让她觉得自己特别不合群。

每次周围人带着异样眼光看她时，她总是怀疑自己不合群是不是错了，但是看了我的文章后才发现，原来一个人同样可以很努力，很成功。

私信的最后她还骄傲地来了一句：我开始爱上在图书馆独处的感觉了。我听了她的改变，真的很替她开心。

大学的奋斗与成长，从来就是一个人独自完成的事，没必要刻意合群，那样只会拖累了你成长的速度，勾起你害怕孤独的内心。

在大学，一个人，同样可以快速地成长。

[2]

高中同桌，厦大才子，如今大四，一个人开始了创业之路。

从他的朋友圈中得知，他每天都非常的忙碌，一个人扛起了整个教育机构。

暑假一次难得的见面，我问他："你为什么不找一个合伙人分担一下呢？"

他是这样回答我的："这次的项目不算大，我想自己一个人试一试，看看自己能坚持多久。"

我听了，看着他瘦弱的身板，突然很佩服他。

其实，我早就知道，大学四年，他一直一个人在为创业的梦想努力着，一个人参加各种创业沙龙，独自泡图书馆，阅读市面上所有跟创业相关的书籍，还一个人利用暑假跑到上海，在一家互联网创业公司实习，没要半分工资的同时还自己倒贴了生活费。

我知道这些事情，也是因为我以前迷茫的时候总喜欢求助于他，他听了总是用自己的经历来激励我，因此我对他的事情特别熟悉。

大学四年，他一个人为了梦想努力成长着，看着室友各种出国玩耍却从未动过心，只因他知道什么才是自己真正想要的，而合群只会让他忘了自己的初心，限制了成长的速度。

[3]

曾几何时，我也一直认为大学奋斗，必须拉上一名志同道合的人，这样才能在前进的道路上互相加油，相互勉励，于是我一次又一次地寻找着那个人，最终还是没能找到。

后来，我不再寻找那个人，我开始选择独自前行。

大一刚来那会，我喜欢看书，可是周围看书的同学寥寥无几。起初泡图书馆时，总喜欢喊室友一起，但是他们都忙着追剧玩游戏，不愿意跟我一块，搞得我很尴尬。去吧，一个人又没有动力，不去吧，留在寝室只能跟他们一起刷电视剧了。

　　一开始，我选择了后者。那段时间，我有整整一个月，每天晚上都跟着室友追同一部网络神剧，但是后来，局追完了，整个人却不知道该干吗了，内心变得空虚无比。再次约室友一起看书时，他们依旧不去。最终，我选择了自己一个人背起包，独自到图书馆看书学习。

　　现在回首，我很庆幸当初的选择。那段一个人的时光，我在图书馆看遍了各类经典书籍，获得了整个大学四年最宝贵的财富。

　　一个人的大学奋斗，成长的速度比一群人的速度快多了，因为你不用再去迁就其他人，你只要一心一意地在自己梦想的道路上阔步前行就足够了。

[4]

　　很多人的大学一味地追求合群，生怕被室友孤立，害怕孤独的感觉。但是我想问，难道走出社会以后，你就不会再有孤独了吗？难道你要因为畏惧孤独而合群一生吗？

　　从我们呱呱坠地开始，父母就教育我们一定要跟同学打好关系，千万不能被同学孤立了。

　　于是，我们今天看到别人玩四驱车，也赶紧追着父母买一辆，生怕小伙伴们不跟自己玩耍；明天瞧见同桌的游戏卡牌，同桌喊你一起玩，你没有，于是同桌跟其他人玩去了。傍晚你一个人偷偷跑到小卖铺也买了一副一模一样的，第二天拉着同桌玩得很开心。

　　我们从小就被灌输着合群意识，于是在大学这段最特殊的时光里，我们也竭尽全力的合群着，最后发现自己为了合群，为了不被孤立，反倒丢失了最初的梦想。

　　大学的奋斗，永远是一个人的事，你很难找到跟你志同道合的那一个。

与其忙着寻找，忙着合群，不如利用这段时间努力提升自己，让自己变得更加强大。当你把自己提升到一定高度时，那些跟你志同道合的人，就会被你的光芒所吸引，悄然出现在你的生命当中。

[你自身有光，
才有人前来停靠]

[1]

邓文迪现在在爱情界成为励志典范了。

前两天她和男友海滩亲密照曝光，两个人并肩而行，男友还紧紧握住她的手，并有亲吻的动作。

她已经48岁了，男友只有21岁，而且长相好身材佳，八块腹肌羡煞旁人，在普通人看来，也算是男神一枚了。

这新闻一出来，就有很多人大呼励志，甚至留言说，论撩汉，只服邓文迪，如果邓文迪出一本撩汉秘籍，决定卖疯。

看看邓文迪交往过的男人，确实非富即贵，要么就年轻貌美。无论比她年龄大还是比她年龄小，居然都能hold得住，真是挺让人佩服。

但是，如果她真出了一本撩汉秘籍，普通女人们用了，却不见得就能撩到男神，顶多也就撩个男屌丝。

因为你连男神的面儿都不一定见得着呀，更别提去撩了。

有人问王思聪的撩妹秘籍，他只说了一句话，那就是这样打招呼：你好，我是王思聪。

只要说出名字，姑娘们一定会多看他两眼，一般也一定会愿意坐下来跟他谈谈人生。

同样的道理，邓文迪碰到男神时，只要说一句：你好，我是邓文迪。

对方也会因此多看她两眼，会记住她的名字，记住她的外貌，同时脑补一下她的过去，当然也会愿意坐下来跟她聊聊天气。

只需要报出一个名字，就能成功引起男神的注意。

而我们一般人，就算见到了男神，但是你报十次名字，男神也不一定注意得到你。

注意是后续发展的基础。如果他都不关注你，根本记不住你是谁，连一分钟的时间也不愿意留经你，你的追爱之路肯定会艰难重重。

周西在演讲时说，她有喜欢的男孩，所以她拼命地努力，让自己发光，就是希望有一天，男神能够注意到她。

换句话说，只有你厉害了，男神才会注意到你。

比如邓文迪，从来不用担心没有关注度，所以她总能撩汉成功。

[2]

引起注意当然还不够，还需要用自身的魅力去吸引对方靠近。

昨天翻微博，看到谢霆锋的照片，是他观看王菲演唱会的照片，安安静静地坐在那里，像一个超级迷弟。

王菲自带光芒，倾慕她的人不计其数，很多男神，不过都是其中的一个。

所以一路走来，王菲的感情生活也是精彩纷呈，能够一辈子都生活在恋爱中。

婚纱女王王薇薇也频繁被曝出约会小鲜肉。这个女人身价几十亿，是一代传奇，她的身上，当然也是金光闪闪，有足够吸引人的魅力。

包括邓文迪，一路辗转走到现在，她的才华和手腕无人不佩服。吸引男神，简直就是分分钟的事儿啊。

无论王菲，王薇薇还是邓文迪，她们都有自己的事业，都身价不菲，都可称为传奇。

这样的人，即使年龄很大，即使容颜不再，身上的光芒也无法掩盖。

而很多人，都是会被一个人身上的光芒所吸引的，所以她们俘虏男神，是一件轻而易举的事情。

当然，我们普通人身上也可以有自己的光彩。

如果你工作做得特别好，处理事情得心应手，肯定也会收获男神的倾慕。

如果你情商特别高，特别擅长交际，肯定也会有男神愿意靠近你。

如果你智商超群，豁达有趣，肯定也会有男神愿意和你在一起。

但是，如果你什么都没有，又凭什么能够吸引男神靠近呢？

这就是吸引力法则。当你足够优秀时，无形中就会吸引优秀的人前来。当你不够优秀时，想要吸引优秀的人就变得像痴人说梦。

所以，如果你想要变得和邓文迪一样会撩汉，掌握技巧是不够的，同样的技巧，不同的人运用，效果就会截然不同。

你只有努力地发光，让自己变得足够优秀，才有可能吸引男神靠近。

[3]

男神愿意被撩到，还有一个原因，是因为可以得到好处。

和邓文迪交往意味着什么？意味着一朝闻名天下知，意味着可以在她身边学习为人处事的方式，意味着可以看更大的世界，无限拓展自己的视野，认识更多金光闪闪的人。

所以，真心也好，假意也罢，很多男神都愿意和这样的女人在一起。

不要责怪男神势利，这是人的天性，我们都是趋利避害的，爱情很多时候，也许就是一场又一场利益的权衡。

即使是普通人，其实也在进行这样的权衡。

他长得不够帅，但是很疼我呀，所以还是在一起吧。

他不够有钱，但是很努力呀，是潜力股，所以选择他吧。

他不帅也没钱，但他真心爱我呀，所以赶紧嫁给他吧。

他不够体贴浪漫，但是有钱，能给我想要的生活，所以在一起也没什么不好。

……

你看，我们都在权衡，然后从中找到一个能让自己接受的好处。

一个人的钱财和权势，也是我们衡量的一个标准。

刘銮雄已经行动不便，年轻的甘比嫁给他，依然被世人称为人生赢家，原因不言自明。

永远都不要把爱情想得太高尚。

有太多和邓文迪同龄的女人，她们没钱没势，也没有让人羡慕的人脉，或许她们比邓文迪更漂亮，但是也不见得能撩到男神。

包括很多年轻的姑娘，比邓文迪水嫩多汁，但那又如何？照样吸引不了男神的关注。

试想一下，如果有两个男人让你选择，一个朝九晚五普通得不能再普通，一个虽然年龄稍大，但什么都有，也什么都能给你，你会选择哪一个？

在这件事情上，男女可能都一样。

当你能给别人提供更多时，你自然会更有价值，自然有人愿意和你走在一起。那么很自然的，你撩男神的成功指数要高出很多。

[4]

所以，归纳起来很简单，只要你足够优秀，才能引起男神关注，继而吸引他靠近，如果你同时又是一个很有价值的人，那么你的成功概率会更高。

这比任何撩汉技巧都管用。

见到男神，你只需要一脸淡定地说：你好，我是某某某。

当你的名字足够吸引人时，也就意味着，在撩男神的路上，你会水到渠成。

所以，别再追问别人的撩汉秘籍了，因为最核心的只有这一句。

最后再送给大家一句话，这句话是邓文迪说的：

好好学习才能有好老公。

成为一个
有独立人格的人

我的女朋友F，阳光而健康，认识了大约五六年，我才知道她有一个自闭症女儿——唯一的孩子，也没打算再要。

孩子是我的软肋，也是最能触发不理智情绪的开关，所以，我不敢想象她怎样走过这些年，我自责没有发现任何端倪，给出应有的帮助和关心——其实外人又能给什么呢。

她说，刚确诊时，只觉得天旋地转痛不欲生，那么漂亮的小女孩，以后的人生都不能去想。很多天，她不敢看孩子，不敢想未来，不敢出门，也没心思吃饭睡觉，一切都像浅浅的梦，随时会惊醒。

可是，她老公不一样，照吃照喝照睡，工作跑步带孩子，似乎没有受到任何干扰，有一天，她终于忍不住冲他吼："你怎么这么没心没肺啊！"

老公声音不大却很坚定："你已经这样了，我劝也没用，只能管好自己，万一你撑不住，孩子还有我。遇上任何状况，都能吃能喝能睡是项本事，这样才有精力解决问题。"

F说，那一刻她特别崇拜他，恋爱的时候都没觉得他那么帅，一个有担当的男人必须情绪稳定。想想自己，有点惭愧，在他身边，怎么着也得做个相匹配的孩子妈，她强迫自己慢慢调整成平常心。

冯仑说，人活着有几个境界，第一个境界就是修吃饭睡觉，无论出了多大状况都照吃照喝照睡，非常不容易。

不经历疼痛，哪有成功的蜕变

对于女人这种情感化动物，糟糕的情绪埋藏在心里发酵，就像把墨水滴进清水池，不加控制随意蔓延，很快能把一缸清水全部染上灰暗的颜色。假如迅速地把墨水捞起来，失去了扩散源，水也黑不到哪去。

所以，别轻易往自己心里滴墨水，更别可着劲儿地猛灌，任由负面心理在胸腔里扩张，再强的正能量也架不住——正能量既不是万能的也不是无限的，墨水量太大，扩散太快，多深的水池都能染黑。

我以前觉得狂奔的马最能显示马的力量，而现在，我认为比这更有力的是在高速中刹住马蹄的一刹那，克制、清醒、理性，遇到问题解决问题，不自虐不放纵不颓废，世间没有过不去的坎，最多过得好看与难看的区分，以及心理上超越还是崩溃的差异，真爬不过去，换条路拍拍灰绕过去，同样的继续赶路。

一个遇到任何事情都不再惊慌失措，该干吗干吗的女人，才真正具备独立的基础——这可能是男人在概率上成为女人榜样一件事。

大约十年前，工作安排我采访一位非常著名的企业家。

生性低调和频繁的媒体报道使他对采访很慎重，我辗转联系却数次被婉拒。后来，我给他发了条短信，大意是，我是都市报记者，看了大量他的财经类专访，财经专访的主要目标是向业内同行传递经验，而都市报，则是向普通读者讲述故事，两者立足点不同，各有价值和意义，假如他同意，我将发送采访提纲，共同商榷访问内容。

这次访谈意外地顺畅。快结束时，我额外问了个问题：觉得女性与男性在职场中最大的不同是什么？

他很认真地思考，字斟句酌地说："从比例上看男性比女性对职业的尊重度要高。非常理解女性在婚育之后精力分散造成的工作走神，可是，大多女性在有条件全力以赴拼职场的时候也没有十足努力。"

然后，礼貌抱歉地笑笑。

那一刻我心塞语塞。

成稿后和他确认稿件。

打开他的回复，我很吃惊：在每一条不同意见之后他做了详细批注，甚至几个有争议的标点符号也被标注了出来。结尾提出三个修改意见，都是商榷的口气，却有着专业的权威。我按照他的意见修改后再次发送完稿，他在约定时间准时确认。

三天后，我意外收到一张卡片：李小姐，谢谢你对职业的敬意。

然后，很工整的签名。

这是一个男人十年前的工作态度和标准。

女人爱做饭，最好的厨师却大多是男人，厨神戈登拉姆齐就是个帅哥；女人爱穿衣服，最好的服装设计师也大多是男人，虽然香奈儿是永远的时装偶像，不过从纪梵希、迪奥先生到如今的亚历山大麦昆、王大仁，男性名单会更长一点。

很多时候，由于性别的柔化，女人的职业壁垒比较低，很快便能熟悉一项工作，可是，从熟练到卓越的过程，却是一场残酷的淘汰，金字塔顶端的位置，大多被男性占据，抛开性别的差异，专注、坚持以及对职业的敬意，或许是重要原因。

十九世纪的风尚，是有身份的太太，绝对不能有赖以糊口的一技之长；如今的流行却是，即便奥利维亚·巴勒莫这样的职业名媛，也以在真人秀《名人学徒》中担任主持人、拥有自己名字作为品牌的珠宝为荣。

当自食其力变为时代的要求，工作就成了立足的本钱，谁能不对自己的饭碗保持敬意呢？即便全职太太也有岗位要求——健康、温暖、打理好全家老小的生活。

向职业致敬——无论这职业是打工、创业、在家SOHO还是全职主妇，提升自立的资本，也是值得向男人学习的一件事。

一个女人恋爱还是失恋，很容易被发现，许多细节透露了她的情感状况——剪掉好不容易留起来的长发，突然关注某个以前从未提起的男明星，莫名地微笑或者流泪，大吃大喝或者食欲全无——对绝大多数女人来说，爱情至少占据生活百分之五十以上的份额。

可是，男人不同。

即便热恋中，他们也会因为开会推迟约会时间，和朋友吆五喝六聚会看球，忘记你们第一次见面的纪念日，毫不犹豫出差半个月——总之，他们依旧能够专心地做眼前他认为比见你更重要的事。

恋爱的男人总是精力充沛，失恋的女人总是上进十足。

为什么呢？因为男人比女人更清楚，生活是个多项选择，爱情不是唯一的选项，甚至，事业、自我、健康、人脉和谐发展之后，爱情与婚姻完全是水到渠成的锦上添花。

墨西哥最著名的女画家弗里达，22岁嫁给年龄是她一倍体重是她三倍的墨西哥国宝画家里维拉。

她为他放下画笔，头上包着头巾用整个上午的时间采买洗摘，备好午饭，放在篮子里，上面盖着绣花手绢，绣着"我爱你"，用绳子吊上去给在脚手架上工作的里维拉。她的眼里只有他，她穿他喜欢的衣服，受着他的指导作画，当然，她是第一个被卢浮宫收藏作品的墨西哥女画家，却毕生都生活在丈夫那与艺术天分匹配的不断出轨中——里维拉在婚姻里和各色各样的女人恋爱，甚至包括弗里达的妹妹。

当弗里达在病中听说里维拉另寻新欢时，她撕裂了自己刚做完脊椎手术的伤口，第二天医生给她打针，甚至找不到她背上一块完整的皮肉——她想用自虐控制一个男人，他却觉得她在用牺牲勒索他的感情。

每次看到这段，我都心疼得发紧——大多数男人在吸引女人，而大多数女人却在留住男人。

主动与被动的区别，简单与艰难的区分，亲爱的姑娘，你要哪一个？

当女人能够像男人那样恋爱——因为拥有爱情而灿烂夺目，却不再由于失去它而光华尽褪，才可能真正拥有独立的人格。

这，或许是，男人比我们做得更好的又一件事。

假如你是女权主义者，今天让你失望了，我们讨论的，仅仅是在尊重概率的前提下，在承认性别差异的基础上，怎样让大多数女人在现实中更愉悦而美好的生活。

别在岁月的长河中
把自己丢了

近日，与一位年长我十余岁的姐姐相邀聚会。我们曾经在一个城市，关系亲密，后来我从南方来到北京，便极少见面，只是在电话里、在网络上，互致问候。分开的这些年，听闻她遭遇丈夫外遇，听闻她离婚、争孩子、争财产，各种狗血剧情宛如电视剧；听闻她罹患疾病卧床半年，但她从来不愿意对我讲起。几次致电，她只字不提，我也不便过多询问。

心有惴惴，害怕看见她那张美丽的脸被怨恨扭曲，害怕看见曾经那么充满活力和阳光的生命被生活侵蚀的满目疮痍。

但当我见到她的那一眼，内心的担忧和阴霾一扫而空。四十余岁的她，妆容精致，眼神清澈，体态轻盈，着一身白色便装，随意地披散着头发，于他现在的男朋友挽手而来，笑语盈盈，眉目传情。

这样美好的恋爱场景，似乎只能发生在20几岁的小姑娘身上，她们未经世事，所以她们美好如花，澄净如水。

但是现在，她是一个遭遇丈夫抛弃，离异过的女人，她曾在仇恨与痛苦中挣扎，她从最黑暗的地带穿越而来。我们都以为她会凋谢了吧，她会沉没了吧，然而，她从地狱走来，依然盛开成一朵明艳的花。

有文说，心若不死，烈火烧过青草地，看看又是一年春风。对极，美极！但有一个至关重要的因素是，当春风再来的时候，你扬起的，是怎样的一张面孔。

试想一下，此时的她，如果身体发福，如果面容衰老，目光浑浊，恐怕也没办法与身边的人形成这样一道美丽的风景。这些都不是最重要的，最重要的是，如果她有一个饱经风霜后疲惫不堪的灵魂，或者有一个经历俗世风云，变得面目可憎的扭曲人格，就算她保养得再好，身姿苗条，美若天仙，她也享受不到这份等到风景都看透，一起看溪水长流的美好。

　　就这样，一个45岁的女人，经历了人生那么多起起伏伏，风霜雪雨，却再一次，如少女般恋爱了。然而生活中，别说45岁，就连很多35岁的女人，都已经面似中年，心如老妪。生活的琐事，耗光了她们的耐心；人生的无奈剥夺了她们的笑容；曾经温柔恬静的小女孩，变成对内焦虑对外暴躁的妇人；曾经宽和善良的女人变得尖酸刻薄、狭隘自私。

　　我经常在公众场合看到一些年轻的妈妈用训斥的口气对孩子说话，明明是一件简单的事情，比如让孩子过来，或者让孩子不要爬高，但她的语气里充满了极大的不耐烦，再看看她的面孔，面色如蜡，目光如灰；还见过一个女人，当着孩子的面，训斥自己的母亲，就是很简单的喂饭的时候忘了系上围脖，她就在餐厅里不管不顾地训斥了足足十分钟，一般有教养的人，对待母亲都不会这样；还有一些女人，对老公横挑鼻子竖挑眼，左看右看都嫌烦。多少年生活中的种种不如意，各种各样的艰辛磨难，不仅带走了她们的青春年华，也耗尽了她们身上那些美好的东西，她们的身上存储着巨大的负能量，这种负能量辐射到她们身边的每一个人身上，尤其是孩子。

　　有一部电影，说一个小孩有特异功能，可以看到别人身上的光环。在他小的时候，他的妈妈身上是有光环的，可是等他慢慢长大了，他妈妈身上的光环就没有了，随之出现的画面，就是在一个胡同的平房里，他妈妈围着围裙，对着正吃饭的他唠叨：为了你上学，家里花了那么多钱，我为了你，辛苦了一辈子，你还不好好学习，你对得起谁；而这个小孩的爷爷，虽然已过古稀，但精神矍铄，豁达开朗，他的光环始终都在。

电影没有解释，但我觉得，这个光环，应该就是对生活的热情。岁月可以带走我们的青春，皱纹可以爬上我们的脸庞，但带不走的，是我们对生活的热爱，对明天的期待，日子除了柴米油盐，还有诗意的存在。

也有一些女子，她们把生活的磨砺沉淀成人生智慧，她们面容柔和，目光纯净，她们也经历过伤害但对人性依然信任，他们也经历过苦痛，但对生活依然热情。她们在职场努力工作，也会把生活经营得繁花似锦；她们还可以对陌生人报以善意微笑；她们待人接物心平气和，哪怕对自己最亲近的人，也不会如倒垃圾般口无遮拦；她们与孩子平等交流，与爱人恬静相守。

她们就是这样一种美好的存在。这种美好，无关乎年龄。

多读书，腹有诗书气自华。

从书中我们得到的不仅仅是知识，更多的是体验了我们之外的人生，开阔了视野，丰富了经历，从而对世界有更多的见识，而不只是盯着自己的一亩三分地，盘算着身边的是非纷扰。

有一个爱好。

在工作与日常生活之外，为自己留一个甜蜜的空间，或插花，或茶艺，享受一份遗世独立的美好。

保持一颗童心，对新鲜事物保持好奇。

对于有孩子的妈妈来说，孩子就是你最好的老师，当孩子指着这个那个对你惊叫的时候，别只会说，快走快走，这有什么好看的。蹲下来，用他的视角，去看一个不一样的世界。

宽容淡定。

人生过了几十年，会明白，没有什么是非要不可，也没有什么是非怎样不可。世界上的事情，都有他发展的规律，我们能决定的，微乎其微。兢兢业业工作，认真负责地对待家庭，尽自己最大的能力和爱养育孩子，但对于结果，不要太过苛求。玉米的种子，永远也结不出南瓜，只要我们尽力了，剩下的，交给命运。

爱自己，对自己好一点。

无论家庭需要你怎么样的付出，都记得适时地犒赏自己一下。我记得一篇文章里，写到一个全职的妈妈，孩子刚出生，非常辛苦，她每天一定要去楼下的咖啡厅坐一个小时，吃个甜点，读一读书，享受一下。孩子不会因为这一个小时妈妈没有带他就失去什么，但她却在这一个小时里面，放松自己，调整自己，然后回家继续面对哇哇啼哭的婴儿，夜半哺乳的艰辛。

人，生而美好，无论年届花甲，抑或二八芳龄，心中皆有生命之欢乐，奇迹之诱惑，孩童般天真久盛不衰。我们要做的，就是不要在岁月的长河中，把她丢掉。

$$\begin{bmatrix} \quad \end{bmatrix}$$

你的幸福
无须他人的陪衬

赵阿姨今天50多岁，30年前她和丈夫结婚，婚后的生活，按照她自己的话说即"没有一天是开心的"。不开心的原因是自己的丈夫没用，不思进取，挣钱能力不行。三十年来，她天天指着丈夫的鼻子骂："你是个什么男人，为家里做了什么啊！如果不是我，你连这个房子都没有，连住的地方都没有。人家谁谁挣钱比你多，对老婆也好，样样比你强，你说你有什么本事啊！我和你在一起，没有一天过过好日子的。你说你有什么用……"在赵阿姨眼里，她的丈夫一无是处，但是在其他人的眼中，她的丈夫除了是个普通工人，收入不高之外，其他都还不错，对老婆、孩子温柔体贴，不抽烟不喝酒，没有不良嗜好，会分担家务，有家庭责任感，为人宽厚，每次妻子责骂自己，也都是默默忍受。

在女人日复一日的抱怨和责骂声中，男人还是那个男人，照样不思进取，没有一点改变。而女人秉承着不放弃不抛弃的死磕精神，继续进行着她的抱怨式鞭策，企图将丈夫改造成有雄心壮志的霸道总裁。就这样，这对夫妻在一方抱怨，一方沉默的婚姻中凑合了三十年。

如今，女儿安娜已结婚生子，生活顺心，觉得父母这样过下去实在不开心，不如离婚各自分开过。恰巧又碰到父母再一次闹离婚，于是就劝父母分开。于是，两个人便离婚了，而男人也算厚道，把房产留给妻子，净身出户，自己在外面租房住。

离婚后，女儿原以为妈妈会开心起来了，没想到妈妈还是不开心，一如既往地抱怨自己的生活很不幸。后来听说，前夫找了其他女人同居，她更加不开心，整天骂骂咧咧，怨气冲天。

这是朋友和我讲的一个故事，是她妈妈的同学赵阿姨的生活样貌。她告诉我，因为每次同学聚会，赵阿姨总是一副受害者的样子，抱怨男人抱怨生活抱怨个没完，时间一长，她的妈妈和其他朋友都不再和她交往，每次聚会也不告诉她。

从这个故事里，我看到了我好几个来访者的影子。

CC在相亲中认识了现在的丈夫，在恋爱的半年里，她觉得这个男人虽然学历、工作收入都没有自己高，但是对自己真的很好，他经常对她嘘寒问暖，会接她下班，旅游的时候她想去哪里，要做什么，他都听她的安排，还花很多时间陪伴她。她说："我就觉得这个男人老实，对我死心塌地，能给我安全感，会照顾我，适合过日子。于是就和他结婚了。"

婚后，CC对丈夫的不满越来越多，觉得这个男人没有能力，没有进取心，没有主见，懦弱、木讷，她想要的大房子这个男人无法买给她，她想要的精神交流对方也无法满足，她开始渴望有个强有力的男人可以给自己依靠的感觉，但是从丈夫身上得不到。于是她开始了自己的改造计划，先是要求老公下班之后去考这个证书，上那个培训班，然后逼着老公看书，让老公考了一年研，考研失败之后又让老公考公务员。不准男人玩游戏，不准男人出去和朋友聚会。女人的抱怨、指责，男人的压抑、愤怒开始充斥着他们的婚姻。

朵拉在一家外企当小白领，她之前交往的两个男友都很有进取心，但是结果都不美妙，一个出国后移情别恋，跟她分了手，一个太专注于工作，一次升职加薪后要朝着更高的职位努力，忙得没有时间陪伴她，最后连分手都只发了一条短信。当她遇到凡事让她做主，对她倍加关注，无比呵护，还会干家务

不经历疼痛，哪有成功的蜕变

的暖男连伟时，她决定非他不嫁。

婚后，朵拉也开始了改造老公之旅。先逼着连伟每天努力学习英语，希望他从现在的私企跳槽到外企。可是连伟从小到大最讨厌学英语，实在学不进去，几个月努力之后也没有提高自己的英语能力。朵拉非常生气，两个人大吵一架之后，她又为老公换了一条职业发展之路，让老公努力争取公司里最大的项目，每天加班到晚上九、十点钟。等到周末，也不让男人在家休息，要拉着他一起去听创业讲座。两个人为这些事情争吵了很多次，每次朵拉都说："我这是为了你好。难道你不想要更好的生活吗？"或者说："如果你爱我，你不想为我们两个人创造更美好的未来吗？"

李萍是上海人，当初大宝追求她的时候，她觉得这个男人是外地人，学历不高，收入也不高，长相也普通，没有一样是她看得上的，但是他们还是恋爱了，因为大宝老实可靠，对她也比较温柔体贴，会做家务。妈妈说，嫁给这样的老实男人，过日子安全，没有那么多花头。李萍认为妈妈的话有道理，于是大宝成了她的丈夫。

婚后，她发现自己越看这个男人越不顺眼，总在挑剔和打击他，嫌弃他卫生标准低，嫌弃他赚钱少，嫌弃他没有上进心。两个人三天一大吵，两天一小吵，直到发现这个老实男人和一个女人发生了婚外情，李萍彻底崩溃了，因为她万万没想到这样老实安全的男人居然会背叛自己。

以上案例中的女性，自身的条件和能力都不差，但是她们都没法将生活过得幸福，尤其将婚姻经营好，他们不幸福的共同原因，在我看来，有几点：

1. 找了一个"游鱼型"男人做丈夫，但是却非要逼着游鱼变飞鸟。

游鱼型男人是怎样的呢？他们没有很强的事业心，进取心，工作能力一般，比较喜欢居家生活，对生活的要求和追求都不高，喜欢老婆孩子热炕头的安稳日子，他们成就动机比较低，希望自己的人生像游鱼一样轻松自在。飞鸟型男人正好与游鱼型男人相反，有很强的进取心，渴望事业成功，有较高的人生目标，他们对工作的重视远远超过家庭，希望在工作上实现自我价值感。

无论是游鱼还是飞鸟，在我看来，只是不同类型的人，不同的人生追求，没有谁的人生追求是更好或更差一说。当一个女人找了一个"游鱼型"男人做丈夫，却天天逼着这条鱼学飞，说你要像飞鸟一样翱翔于蓝天，最后不仅搞得这条鱼很郁闷，亚历山大，连正常的游泳都不会了，也把自己搞得疲惫不堪，心浮气躁。因为大多数"游鱼型"男人都不会飞，除非他是一条飞鱼或者他本来就是一只飞鸟但假装成游鱼，不过这两种情况发生的概率是很低的。

退一步来说，就算他真是一条飞鱼或者他本来就是一只飞鸟但假装成游鱼，你逼着他飞翔也是无法成功的，除非他自己愿意飞翔。任何一个人想去改变别人都是极其困难的，除非他自己愿意改变。

一个男人做鱼也好，做鸟也好，都没有错，但是一个女人若逼着身边的"游鱼型"丈夫变飞鸟，那这个女人就有错了。你婚前就知道他是怎样的一个男人，觉得这样的男人好，是自己想要的，跟他结婚后，却要求他变另一个男人，这不是你的问题是谁的问题呢？那你到底要怎样的男人？你自己搞没有搞清楚？

2. 她们外表看似优秀，其实内心很自卑，很没有安全感，控制欲也很强。

我有一个来访者，外企主管，在相亲时，总是对条件比自己差的男人感兴趣，遇到那些年薪近百万，或者职位是总经理的相亲对象，她总是感觉不舒服，本能地逃开。她告诉我说："我觉得这样的男人特别不安全，会招很多女孩子喜欢，他和我谈恋爱的时候肯定会和其他女人玩暧昧，婚后肯定也不老实。"她的内心是自卑和不安全的，不相信自己配得上这样的好男人，也害怕这样的好男人会被其他女人抢走。找条件不如自己的男人是有好处的，不仅竞争对象少（因为很多女人看不上这样的男人），自己能获得内心的优越感（我条件比你好，我优越），还有一种"我能牢牢地控制住他，他绝对不会离开我，我一定万无一失"的美好幻觉（你这么差，我还愿意和你在一起，你应该对我感恩戴德，忠心耿耿）。

那些逼着"游鱼型"老公学飞的女性，其实非常渴望拥有一个事业成功，潇洒有魅力的飞鸟型男人，但是她们内心非常自卑，不相信自己能够配得上这样的男人，也担心自己驾驭不了这样的男人。

她们内心很纠结痛苦。遇到一个老实的游鱼型男人觉得安全，认为在一起后这个男人的出轨率很低，但是她们又会各种嫌弃对方，从心里看不起对方，鄙视对方；同时内心渴望一个有上进心的飞鸟型男人，但是又觉得这样的男人不安全，会离开自己，会去找别的女人。

所以，最好的办法就是我找一个安全的游鱼型男人（我没有飞鸟，但我也避免了飞鸟带来的不安全感，而且至少我还有鱼嘛，比什么都没有要强），虽有不满，但是抱有一线希望，可以大刀阔斧地进行游鱼变飞鸟的改造工程。改造成功（改变一个人何其困难，成功率很低），满足了自己内心的另一部分需要；改造不成功，怨念挑剔终日无法断绝。

就算好不容易改造成功，她们也一样痛苦，她们开始担惊受怕，担心这个男人有了上进心，条件变好了，就会离开她们去找别的女人或者受到其他女人的勾引和诱惑，于是，她们要走上另一条防火防盗防小三的痛苦旅程。

说到底，这样的女性如果不进行自我认识和成长，一辈子都无法幸福起来。就像前文的赵阿姨活到50多岁，大半辈子都以受害者心态自居，怨恨、不满、各种生活的不幸的负面情绪围绕着自己。

3. 这些女性成长于缺爱的家庭或父亲角色缺位的家庭，还未通过个人成长疗愈自己，渴望强有力的男人给自己安全、温暖、照顾和精神指引。

很多游鱼型男人安全无害，如果对女性又比较温暖照顾一些，就特别吸引那些缺爱的女性。这些女性大多成长于不是很和谐友爱的家庭，要么父母争吵打骂不断，对她忽视冷淡，要么父亲无能窝囊/粗暴残酷，给不到她渴望的关爱、帮助和支持。

等到她们真的和游鱼型的男人在一起，她们感到受重视，感到安全温暖，但无法就此感到完全地满足，会希望身边的男人能全部承担起当年父亲未满足自己的那部分需要，比如让自己依靠的需要，给自己强大支持的需要，但是，这常常是不切实际的，因为安全型男人往往没有这样的生命能量，于是这些女性又开始痛苦。

这些从小缺爱的女性，在婚恋中不是在找一个并肩而立的伴侣，是在用自己的一生找一个愿意扛着自己的爸爸，而这一行为注定是自我挫败的无用功。

如果你也找了一个游鱼型的老实男人做老公，真正想获得幸福的方法只有一个，那就是把关注的目光从他身上回到自己身上。

（1）要看到，没有哪一个男人能满足你所有的需要。无论是游鱼型男人，还是飞鸟型男人，他们都只能满足你某一个方面的需要。去审视一下自己对男人的要求，有多少是切实的，有多少是不切实际的。有不少女性希望拥有这样一个男人：他不仅颜值高如吴彦祖，还能挣大钱，满足自己物质上的需要，还要很MAN，能够保护自己，还有很多很多的时间陪伴自己，同时非常非常爱自己，懂浪漫，对自己温柔体贴，照顾得无微不至。但是这真的是不切实际的幻梦，不愿意面对生活真相的女人，无法拥有幸福。

（2）不要再批评、打击、挑剔、抱怨我们身边的伴侣了，停止这种无效却伤害彼此关系的方式吧。如果继续这样下去，对方就算再爱你，再习惯迁就和包容你，也无法长久忍受，最后他忍无可忍之际也是你们关系彻底破裂之时。

学会用欣赏的眼光看身边的这条游鱼，给他悠游的自由，让他能够做他

不经历疼痛，哪有成功的蜕变

自己，同时学会感恩，感谢他给你的温暖和陪伴，感谢他对你的付出和关心。这样你们的关系不仅有爱，有尊重，也有自由的清风穿越其中。

(3) 停止鞭打身边的这条游鱼了，把鞭打他的力气用在自己身上，提升自己，增强自己的自信心，将自己打造成自己渴望的那只飞鸟，翱翔于广阔的蓝天，创造属于自己的价值，实现自己的梦想。

没有谁理所当然地要替你去实现你自己所有的梦想和追求，父母不能、伴侣不能、孩子也不能，自己的梦想自己买单！更多的时候，我们需要依靠自己的力量满足自己的需要，而不是心安理得，理直气壮地等待别人的满足，好像别人欠你似的，其实别人不欠你任何的东西。

你想事业成功，想上进，那就自己上，不要逼着身边男人去上进，追求你所要的成功，因为那是一种强加，并不是他想要的。你要相信，如果你愿意把鞭打男人的时间和精力花一半用在鞭打自己上，你一定会成功！而且你自己挣来的成功，比去向男人要来的成功，无论是逼迫来的，还是乞讨来的，都更令你满足，更让你感觉美好。

写这一篇文，是因为我曾经也走过逼着游鱼变飞鸟的弯路。我和男友相恋3年，在恋爱的前一年半里，我总是觉得他应该挣更多的钱，换更好的工作，应该和我一样学习心理学或者追求心灵成长，和我一样有进取心。我要求他这样，要求他那样，虽然我要求的方式比较温和，但我知道这是一种逼迫，感觉自己就像他的债主似的，让他倍感压力，也常常让我对这样的自己很不喜欢。于是，我去看我自己，问我自己：为什么你想要一个所谓的事业成功的男人？当我明白，我其实是希望对方去帮我实现自己的梦想，让我生活更加自由时，我开始学会放下对他的期待，更多地为自己的梦想，自己的人生负责和努力，然后我感觉到自己比之前更快乐，更有力量，也更自由了。

我们天天口头上喊人要自立，无论男人，女人都要自立，但什么是自立呢？我理解的自立包括经济自立，情感自立，人格自立这三个方面的内容。在这三个方面，让自己真正的立在这个世界上，为自己的人生幸福负责，而不是依赖他人，希望他人来满足自己这样那样的要求和期待。

我们的一生是成为自己的一生，要学习挣脱别人对我们的期待，成为我们自己，同样的，我们也要学习收回自己对别人的期待，尤其是对我们的爱人、子女、父母的期待，让他们也能成为他们自己。

还是我之前一直说的那句话：每个人都是独立的个体，伴侣、子女并不能代替你去创造价值，一个人对自我价值的寻找与建立，对生命探索须由自己完成。这门功课知易行难，要做到需要我们经常对自己有觉知，有反思，愿意踏踏实实的努力，希望这一路我们能一起结伴前行，慢慢成长。

[你穷你还
有理了吗]

阿彦打电话给我说晚上有应酬，不回来吃饭了，我赶紧约了闺蜜陪我去吃海鲜排档。初夏时节，找个露天的地方，点上几样新鲜的海鲜，那滋味绝对超过五星级的海鲜自助。

刚坐下，闺蜜朝我使了个眼色，我顺着她的眼色一看，旁边一对男女压抑着声音在吵架。

男人说："我求你再给我一次机会吧，不要分手好不好？"

女人一脸的不耐烦："我已经给过你很多次机会了，我今年已经三十了，我不能再耽误自己，我们好聚好散吧！"

男的始终苦苦哀求，面露哀伤，女的不为所动，面无表情。

闺蜜偷偷地对我说："以前都是痴心女子负心汉，现在都是深情男子绝情女。"

我示意她继续听下去，男人还在继续哀求，女的依然不为所动。

终于，男人的耐心崩溃了，对着女人大吼："你到底有没有爱过我？我只求你再给我一次机会，你就这么迫不及待地去找有钱人吗？如果我有钱你会这样吗？女人都这么现实，这么势利吗？那我们的感情算什么，算什么！"

其他客人纷纷朝这个女人投去鄙夷谴责的目光，女人不甘示弱地回敬道："我一开始就知道你没钱，我要是爱钱，根本不会跟你在一起，我跟了你十年，我们毕业都七年了，这七年里，我给过你多少机会，但是结果呢？我们现在连房租都快付不起了，我根本看不见未来，不管你怎么说，这次分手是分定了。"

女人说完，头也不回地走了，男人拿起桌上的啤酒瓶子，狠狠地砸在地上："为什么？为什么？穷人难道就不配有爱情吗？"

其他人纷纷议论起来，我和闺蜜也不例外，我原本以为闺蜜会同情这个男人，没想到闺蜜看了看女人消失的背影说："恭喜这个女人，她总算做了一个正确的决定，离开了这个没出息的人。"

我没好气地瞪了她一眼："你有没有一点同情心啊？"

闺蜜差点哼到我脸上："同情心？那也得给值得的人好不好，我不会同情一个穷鬼的。"

我笑着敲敲她的脑袋："说话留点口德好不好，人总有贫富，别穷鬼穷鬼的。"

闺蜜更加展现了她毒舌的本能："你没听见吗？他们已经毕业七年了，连房租都快交不起了，一个男人，但凡踏实一点，勤奋一点，稍微用点心，这七年来早就攒下一个小套的首富了。到现在还一文不名，这已经不是穷不穷的问题了，而是生活态度甚至是人品上的问题了，所以才导致他到现在还是一事无成，连女朋友都要离开他。可怜之人必有可恨之处，以前我看到别人穷我也会同情，后来我渐渐发现，一个人穷，大多不关命运的事，跟他自身的问题是分不开的。"

我忍不住点头，闺蜜的话，确实很有道理。

"大多穷人会用父母用出身来为自己的穷辩护。每个人出生不一样，所以起点不一样，这种差别客观存在。但如果不是追求大富大贵，只需要衣食无忧的话，只要稍微努力一点就能做到。七年时间，已经足够一个男人站稳脚跟，甚至小有成就了。有的人穷，他会想着改变现状，他会努力寻找机会，他会踏踏实实去走每一步。三十岁以前穷，除了能力还涉及运气问题，但三十岁以后还穷，这个问题就严重了。假如说出身的阶层是不能选择的事，那么学识能力绝对是付出努力就会拥有，一味地把原因怪罪到父母身上，只是又多了一项劣迹——没担当！一直穷的人大多有两个问题：志大才疏或好逸恶劳，这样的人，会一直穷下去。"

我不禁想起了我的一个亲戚，从二十几岁开始他就告诉大家一定要出人头地、光宗耀祖。父母和妻子听了非常高兴，表示一定会支持他。然后，他去做了生意，半年后，赔了个精光。他对父母和妻子说：这次是我时运不济，下次我一定会成功的。父母和妻子拿出积蓄再次支持他去闯事业，这一次，他又赔了个精光。父母和妻子吃不消了，劝他安心找份工作，好好养家糊口吧！

但他一听就叫了起来，我是要做大事赚大钱的人，给人打工怎么可能？那些老板算什么，以后他们见了我都得点头哈腰。

这么折腾了五年，大事没做成，大钱没赚到，原本殷实的家底倒是被他糟蹋得差不多了。但他不但没从自己身上反思，反而责怪别人没有眼光，不肯给他机会，要么就怪老天爷没长眼睛，不降点财运给他。家人再次劝他安心找份工作，不要再折腾了。但是他自我感觉依然良好："找工作？什么工作配得上我？让我去当董事长我都不干，我这水平，当个省长都屈才了。"

身边的人渐渐不愿意搭理他了，如今五十多岁了，依然一事无成，天天怨天尤人，八十多岁的父母只能唉声叹气，同样年纪的妻子长年打工，抚养一双儿女，落下一身疾病。但他始终觉得这辈子是命运亏欠埋没了他，逮着一个陌生人就开始大吹特吹，如今连儿女都不愿意搭理他。

我身边也有相当一部分女性找了比较穷的男人，她们认为这才是真爱，真爱是不能被金钱玷污的，同甘共苦的感情才会历久弥新，一个个奋不顾身地打算和男人共创美好的未来。但是现在回头看看，好几对已经分道扬镳，剩下的几对，大多也是勉强维持，真正安贫乐道且幸福的，我几乎没有找到。

因为生活是现实的，爱得再纯粹，生活也需要基本的物质维持，我们可以靠爱满足精神需求，但是生孩子、养孩子，样样都离不开物质。尤其是有了孩子后，自己再苦也可以忍受，但是希望孩子能够生活得好一点，这好一点，离不开经济，看到自己的孩子穿的用的样样不如别的孩子，心里还如何幸福得起来？

但仅仅这些原因还不足以使为爱走进婚姻的女人离婚，因为她们原本选择这个男人就不是因为钱。

大多数经历过贫穷男人的女人告诉我：我真不介意他穷，但是我不能忍受他不求上进，这样的日子让我来不到未来。

而且，不求上进的男人往往很懒，一个在工作和人生上很懒的人，基本是不用指望他在家里很勤快了，所以如果找了一个没有上进心的男人，等于同时找了个大爷。

此外，这些男人还有一个特征：非常喜欢给女人扣帽子。如果女人对他的表现稍有微词，他就会变得像刺猬一样"怎么？嫌弃我了？你怎么变得这么世俗？我现在才发现你是这种人，势利、虚荣，一点都不可爱了。"

如果女人真的受不了离开了他，他会可怜兮兮地到处诉苦："我是真的爱她啊，我们这么多年的感情还是没禁得起金钱的诱惑啊，因为我没钱，所以她离开了我。"

于是，不明真相的人纷纷指责女人的无情。而女人，在奉献了无数青春和感情，熬过了无数贫穷日子后，换来了一个爱慕虚荣，不念旧情的评价。

男人一时穷不可怕，刚出校门的人，基本都穷，古语都说莫欺少年穷，可怕的是拥有穷人的思维和性格。

一个男人口口声声说着真爱至上，没有你活不下去，却不肯努力上进给你一个美好的未来，这样的男人，还是离开吧！

不经历疼痛，哪有成功的蜕变

[该做的事都没有做好，
谈什么想做的事]

[1]

中午，跟朋友A打了三个小时电话，本来是想聊点合作，但却不知不觉地聊到了成长。

我们认识差不多一年了，在这一年时间里，我们都在努力，A比我更能坚持，说实话，我很佩服她。

由于关系不错，我们就聊得比较直接，我问了她一个问题：你觉得自己这一年时间里有没有培养出核心竞争力？

A愣了一下，然后跟我说，没有。

我继续问，我们其实都很努力，你知道我们俩之间最大的区别在哪里吗？

[2]

待我确定A真的想听我继续分析下去后，我开始讲我的看法。

其实，你一直没有分清楚什么是该做的（需要做的）和什么是想做的。你一直在学习，但是最终产生的效果却差了许多。

你应该问问自己，未来到底想过什么样的生活，然后确定，为了实现这种生活，我需要做哪些准备，该怎么去做。

而不是，我想学什么就学什么，过于行随心动。

事实上，做好该做的事，你以后才有更好的条件来做你想做的事。

[3]

如果你老大不小了，目标是做一个英语老师，你应该做的是先明确你要教哪个阶段的，甚至具体到是教听力、教口语还是教作文。

再去将相关内容学好，弄熟悉，看同行老师的上课视频或者去旁听，学习他们的授课技巧。

做好了准备以后，你得找机会试，去课堂上实践，不断提升自己的讲课能力。

而不是，同时又想学尤克里里，觉得这能增加自己的个人魅力，立马就去报了个班。

平时喜欢参加各种聚会，别人一叫你，你一定赴约。

学尤克里里和参加聚会都是你想做的事情，但，请记住，你已经老大不小了，既然想做一个英语老师，那就先将该做的事情解决吧！

[4]

你要准备某个考试，你该做的就是把该看的资料都买来，然后反复看，反复练习。

而不是，想看小说的时候看小说，想去旅行的时候就去旅行。

这些都是你喜欢做的，但却不是你该做的。对于高效备考没有太多帮助。

等你考过了，你再去做也不迟。

除非，你已经精神崩溃，需要去释放一下，那另当别论。

[5]

前几天我在后台放了好友毛毛的文章，他是一个设计师，但是对文字很感兴趣，尤其是喜欢写爱情故事。

我们是在一个读书会认识的，网上聊得还不错，但是他经常不来参加我们的线下活动，多次的缺席，我们难免对他有些意见。

后来，当我看到他的文章，我被惊到了，这小子竟然在业余时间写出了好几篇网络爆文！

现在想想，他就是一个分清了该做什么和想做什么的人。

其实他一直很想来参加我们的活动，但他已经结婚，还有了小孩，他需要好好陪伴自己的家人。

他有文学梦，他想写东西，好不容易获得老婆的理解，每天挤出时间熬夜写文。

哪里有那么多时间出来跟我们一起嗨呢？

[6]

我们大多数人，都知道自己想过什么样的生活，想要收获什么样的成长。

只是，一直没有认真去分清什么是该做的，什么是想做的。从而让成长变得非常缓慢，甚至是退步。

　　如果你也觉得自己做了那么多事，却仍旧过得不好，是不是也可以去想想，什么是我该做的，什么是我想做的，然后，做出些许改变？

　　该做的事情没有做好，你有什么资本去做想做的事情？

舒适区很好，
可你也要走出来

在电影《被嫌弃的松子的一生》中，坎坷了一辈子的松子喃喃道：小时候，谁都觉得自己的未来闪闪发光，不是吗？

大一匆匆走过，刚开学时的踌躇满志，到后来的浑浑噩噩。你为什么什么事都没有做好，几乎变得一无是处，所有事都是马马虎虎？

[1]

你明明有空手头上没有任何事要做，也清楚地记得有作业还没有做好，可是你想着反正不是还有好几天才交嘛，不着急，作业用不了多少时间等要上交前做好就行了。于是你放心的丢开作业的事。

又是一个周末，早上醒来时还很早，你本来可以早些起床开始学习、做事。伸手一摸手机，一看时间还挺早，觉得不多睡一会儿有负这大好时光，于是果断继续会周公去。这一下再醒过来就已经是日上三竿了，终于该起床了，伸手又是一摸。手机，先点开微信、qq看一下有没有什么消息。刷一会，顺手回回消息，别人也有回复，你来我往一下时间就过去了一大半。不刷刷微博、豆瓣怎么可以呢，这也得要看看。于是，等你刷完一看时间，中午了！

磨蹭着终于起了床，已经是午饭时间。要做事也要先填饱肚子吧，你开心地端起了饭碗。饭吃过了，这下可以安心学习了吧！要不要出门去自习呢？

你犹豫着，看到窗外的大太阳决定还是不出门为好。搬出书本，翻开刚看几页，感觉坐着有些不舒服。反正也不出门，那就把鞋子脱了吧，裤子也可以换一条宽松的，要不干脆换睡衣吧。你果断地换完了衣服，准备轻松地看书，突然看到桌上的指甲剪，指甲要剪了，要不然剪一下？剪完指甲，你看到桌上还摆着上个星期在图书馆里借的书，还差一点就看完了要不抓紧看完趁着周末有时间去还。不行，时间好像不够了，作业快要交了，还是先别看书拿作业出来做吧。你终于准备好开始做，手边有零食摆着你伸手就拿过来边吃边写。吃完去扔垃圾，垃圾袋满了需要倒掉，需要套上一个新的垃圾袋。等你做完这一切，发现已经到了晚饭时间，所幸作业已经完成得差不多了，只是本来可以两小时做完的事花了三四个小时才完成。还差最后一点润色，你想干脆就留到交之前做好了，反正也用不了多少时间。

你丢开作业，先去吃晚餐。吃饭时怎么能没有一个下饭的电视或综艺？正好电脑还开着点开个视频边看边吃饭多惬意。饭吃完了，可视频还正看到精彩处丢不开手。你想，反正今天已经浪费掉一大半了还不如好好玩一下，明天再专心去学习好了。最后一点担忧也没有了，你终于放心地继续看你的视频。看完这个再看看那个没追完的剧，十一点，又该上床睡觉了。按照惯例，拿着手机必先看看微信、QQ各个群里，别人找你闲聊也要回一下，有意思的对象回复你了更加要抓紧谈一谈增进感情。实在没得聊了，跟所有人都道完了晚安，你想微博好久没刷了要去看看呢睡前再去简书上看几篇文章，豆瓣也可以看看、知乎好久没刷了……

就这样不知不觉就凌晨了，你揉了揉惺忪的睡眼终于决定睡觉了，跟同样是夜猫子的朋友插科打诨一会，终于放下手机睡了。这一觉又得要睡到日上三竿……

所以到了最后，你发现这一天你什么都没做。所有的事情做了等同于没

不经历疼痛，哪有成功的蜕变

162

做，最后所有的事情还是留到了最后一天，总是最后一天潦草地完成任务。

这样懒散的思想和行为长期发展，导致的结果就是对许多事情都麻木不在意，马马虎虎搪塞了事。一点一点的恶习在各方面造成不大不小的影响，积压起来就成了现在这个自己都有些厌恶的自己。

学习上，没有将更多的时间投入进去，一直马马虎虎得过且过，从而成绩并不理想。其余的时间也未能更好地做好学生会和社团的工作，没有积极争取努力争先。同时，也没有协调好学生会工作和社团工作，导致有时陷入两难。

[2]

或许你想说，都怪我那该死的拖延症，可这真的是拖延症的问题吗？

第一，你不是不能做好，而是因为你懒。

毒品，多少人想着吸了第一口，还能靠自制力戒掉。然后就一路变成人不人鬼不鬼的样子，滑向无底的深渊。懒，你想着只是休息一下，过会我就开始认真勤奋。但是懒总是有了第一秒，就会有一分钟，一小时，最后一天过去了，什么都没干。

在最近很火的网剧《余罪》中，傅国生说道："犯罪本来就个毒品，你从中尝到了自由的滋味，权势的滋味，尊重的滋味，想戒都戒不掉。"

懒也是一样，你懒了第一回就开始知道。不懒不一定会成功，但懒一点你一定会很舒服。你一开始睡过一个懒觉就会想有第二次，你知道上课不听讲只要考前突击就没问题，你就会开始放松。慢慢的，你的神经就被腐蚀掉了、这就是为什么那么多的大学生感叹高考前是自己知识最渊博的时候了。

第二，做事没有目的性。

目标是一个多重要的词，你每做的任何一件事都应该是有目的有目标的。爱默生说过："一心向着自己目标前进的人，整个世界都给他让路。"

你在做事时没有一个明确的目标，就容易混乱容易迷失方向。当你在做这一件事时，可能又不断地想起其他的事情。于是你东忙忙西忙忙，最后什么都没有做好。

第三，网络是原罪。

手机各种APP的推送总能轻而易举地让你分心，网络你用着用着就去玩去了。有人说，治疗拖延症最好得到办法就是断网。网络给了你太多的选择，不要太相信自己的自制力。无须多言，相信很多人都深有体会。

太多的碎片化阅读会让你损失深度阅读和学习的能力。

若要认真总结起来，毅力、自制力外界诱因都可以拿来说事。那么要怎样百能改变这种现状呢？

[3]

说一事无成或许太过严重，但这样的情况绝对会对你的学习和工作带来不大不小的影响，你永远都成为不了最好的自己，甚至得不到你所想要的。

想要改变，其实最好的方法就是，立刻去做并坚持去做。

在有些懒惰懈怠的时候逼自己一把，早一点起床，节约时间写文，背完需要的单词，再多做一道题。逼自己走出舒适圈，认真地去实践。在做一件事时，尽力而为做到让自己满意。逼自己专心些，更用功些。

人都是逼出来的，狗逼急了都能跳墙，更何况人呢？

不经历疼痛，哪有成功的蜕变

人生没有投机取巧的路，你得一步一脚印

在我20岁的时候，我所做和所想的无非一件事：如何能付出最少而得到最多。

我的生活非常丰富，我总是很忙，社团，恋爱，交友，上网，学习，开店，整天上蹿下跳。我可以在自己的名字前面加上一长串的形容词。

跟朋友们吃饭，我吐槽学业："学建筑就是累，上回交图我熬夜了整整一礼拜。上节课老师把我方案改得面目全非，这节课你猜怎么着？他都不认识自己改的方案了，还让我再改！别的专业还老不理解我们，觉得我们闲！你去画个图试试看？唉，不说了我赶紧回去突击方案了。"

在同学面前，我吐槽社团："新来的小孩能不能行了？什么都不会还拽得跟二五八万一样，就这水平，还不经说呢！你要是一说他，立马就给你白眼！想当年我们刚来的时候，哪敢这样？学校也不靠谱！布置点儿任务都等到来不及了才说！就这，还总不满意！就给我们这么点儿时间怎么可能有好的成果！唉，不说了我得跟他们开会去了。"

跟社团的友人，我吐槽男票："还是你俩好，我跟那谁总吵架，我明明就那么忙，他还老让我生气！我每次跟他倾诉一些事，他都不能理解，我不爽了他非但不哄我，居然比我还不爽，还跟我讲理，最后还得我哄他！唉，不说了他给我打电话了，我先跟他吃饭去了啊。"

和男朋友约会，我吐槽室友："那谁整天睡到中午才起床，还不许人出

声，我敲个键盘都得蹑手蹑脚的！凭什么啊，宿舍又不是她一个人的！晚上睡得还特别晚，看个美剧一直在那儿笑，毛病啊！怎么这么以自我为中心，就不能考虑一下别人的感受吗！唉，不说了要熄灯了我先回宿舍了啊。"

回到宿舍卧谈，我吐槽淘宝店："开淘宝太累了真的，你们别看好像赚了点儿生活费，那帮极品买家就知道占小便宜还价，上回给我一个差评，非得讹了我50块钱，我在电话里都快哭了，还得给她赔着笑脸……唉，不说了明天要发的货我还没打包。"

每次吐槽，我得到的却是大家的包容、理解，甚至赞赏和崇拜：哇你好厉害哦！学建筑肯定分数很高吧！将来会赚大钱吧！我看你们学院的人都有种特别的艺术气质！听说你还参加社团经常去国外交流？还上过电视？好羡慕你这么年轻就去过这么多国家，还在社团当干部吧，能力很强呢！我看过你做的那些海报宣传单，你拍的照片也很好看，你这么高的水平完全可以出去接私活儿了吧？还这么有经商头脑，是遗传你爹吧？年轻的时候就是要多谈几次恋爱体验一下，唉，我就特别宅，都没什么人追！

我就真把这些客气话当真了，越发自我感觉良好，相信自己是一个精力充沛、能力拔群、聪明过人的年轻人，也确实有很多人被我给唬住了，觉得我挺厉害的，好像说起什么我都能插上话。

但现在，我充分意识到当年的我是个什么货色：合唱团里最会画画的，建筑学院里最会唱歌的，朋友圈里谈过最多次恋爱的，淘宝店主里学历最高的，同年级里年龄最小的，同龄人里去过最多国家的，游客里最会拍照的……

而当我：在合唱团里比唱歌，在建筑学院比画画，在淘宝店主里比生意，在同年级里比绩点，在驴友圈里比经历，在摄影论坛比水平，我什么都不算。

空桶总是响得最厉害。有很多人，不正是在做着和当年的我类似的事情吗？既不想付出与回报相称的努力，又想尽可能获得存在感和成就感，于是靠发出很大的响声来吸引别人的注意，和掩盖自身的贫瘠。

当周围听我说话、给我鼓掌的人渐渐离去，剩下我一个人面对自己时，我才惊醒了，我开始问自己，我活得这么热闹，我到底做了什么？

20岁时的我，付出30%的努力，就能得到70%的效果，并以此为荣。甚至有点儿看不起，那些付出了100%，才能得到70%的人。

结果怎样？结果我真想呵呵我自己。我意识到了一个可怕的事实：就好比每个人都有一块地，地里埋着很多人参让我们挖。别人都挖十米，我聪明，我会使巧劲儿，四两拨千斤，我挖了三米，就能顺势把人参给起出来。别人继续挖的时候，我就转而挖别的人参去了。过了几年，我身边堆了一大堆人参，地上满是坑；而别人只挖出来几个。

沾沾自喜的我当时并没发现，别人的人参都是全须全尾的，而我的都有一小半儿断在地里了。更要命的是，别人地下的坑有十米，几年过去，早就成了一口井，量变引发质变，可以源源不断地从中汲取水分。而我的坑太浅，只是个坑而已。

为什么很多事作为兴趣爱好可以做得很好，但一旦变成职业就没那么喜欢了？因为作为兴趣，你只要付出30%的努力做到70%就已经很好了，而作为职业，你必须付出150%的努力来达到100%。

我喜欢现在的自己，现在的我已经没有那么狂妄了，我接受了人生的设定：面子和里子，你只能先要一个；真正"什么都知道"的人，反而更懂得自己的无知。人生没有投机取巧的路，脚印多深，只有你自己清楚。

不知道我这答案算不算扣题，我想说，越是那些看起来"上知天文下知地理，心理学宇宙哲学信手拈来"的人，越可能是半瓶子晃荡的样子货，真有料的人不会到处得瑟的。说得多了，做得反而可能越少。什么时候学会闭嘴了，可能就能开始告别"一事无成"的境地了。

别让自己
闲下来了

每到年底我都会有一种莫名的恐慌和焦躁，然后就会下意识地用今年减去1988，算算自己到底将要几岁了。

从前两年开始，每年都用王潇的效率手册，这样的恐慌感稍稍减轻了一些，因为每天打开本子的时候，觉得时间是受到掌控的。而每当一个月，或者是一年过去的时候，翻翻本子，回头看看，时间都花在了哪里，是看得见的。那些懒惰的空白页，那些浪费了的时间，怪不得别人。今年12月，当我再次翻看自己效率手册的时候，我在想一个问题，一年究竟可以做多少事情。

前几天和一个从深圳来北京的朋友聊天。他在一家通信设备公司工作。85年的男生，聊着他今年的工作，就是一张世界地图。

很多人环游世界的梦想，他貌似今年又都已经再环游了一遍。从年初到年末，参加世界各地的通讯展，和当地政府，客户谈合作。数着那些通讯展，就是一张世界地图。有时候，我们说找不到客户，市场打不开，客观因素之外的，其实没有秘诀，就是天道酬勤。85年的理工男，从卡塔尔跑到拉丁美洲，再到欧洲，在回到国内，是我见过最勤奋的销售。

想想自己，上半年，每个月去不同的国家出差，还常常抱怨凌晨出发，深夜到达的辛苦。某些深夜飞机晚点的时刻，简直觉得自己是这个世界上最孤零零的人了。现在想来是多么得可笑，都不用天道酬勤，自己连勤奋都不够格，凭什么要更多的回报。

前两天看到一个帖子，写的是清华拿国家特等奖学金的"大神"们。那是一个通篇我都看不怎么懂的科研成果的成绩。但是我看到了二十几岁的姑娘，一年平平均每天工作12个小时，全年无休，博士还没毕业就已经在国际顶尖学术期刊发表文章。对他们来说，一年究竟可以做多少事情太有意义了，因为那些凌晨还在实验室的时光，换来的是一个重大的科学领域的发现和突破。

真正一年到头确实干了那么一些事的人，往往都很沉默，因为他们平静地泡一壶茶，看着窗外，回想自己一年来做的事情，一切全部在自己的掌控中。没有遗憾，没有懊恼，也谈不上恐慌和焦躁，因为他们已经get things done，倒带回看，只有会心微笑。

我们不需要华丽的朋友圈，那些从春节假期晒到圣诞节假期，看上去周游了列国，环游了海岛，至少我并不羡慕这样的一年。又或者打开自己的朋友圈，一年到头，满屏的晒美食，好像这一年除了吃吃喝喝，并没有干其他事情。那些看上去的浮夸和热闹，并不是解药。反而让我们觉得一年看似忙忙碌碌，看似得充实，实际上不过是多追了几集《琅琊榜》，多烤了几次蛋糕，多晒了几次拉花精美的咖啡杯。

一年有365天，我曾经看到一个前辈的朋友圈说，一年看完了一百本书。我们每年开始的时候都告诉自己要多行一些路，多看几本书，到头来，大多是多刷了几次朋友圈，多看了几个段子，多晒了几张照片。

周末和Aline聊天，这个我最崇拜的全职主妇。今年，她用葡语完成了论文答辩，研究生毕了业，和舒同学举家搬回了国内，生了小柿子。随便一项拿出来，终于研究生毕业，或者终于决定和舒同学一起举家搬回国内，重新开始事业，或者仅仅生了娃，都已经可以算一年过得非常充实圆满了，但这个姑娘就是干完了所有这些事，然后和我说，"我面试了一个上海的职位，不知道能不能行呢。"

距离她生完小柿子才五个月，且还不算上她这五个月内参加的各种浙商投资研讨会。

一年中的工作，行走，生活，究竟得到了多少，每个人的答案千差万别。时间花在哪里，是看得见的。而一年之间究竟可以做多少事情，也是一个公平且残酷的分水岭。我把清华拿特等奖学金那个帖子发给琳达看，写了一句话：这也就是为什么，他们是他们，我们是我们。

把时间花在
美好的事上

在等待清风的过程中，

我们能做的就是努力生长，

骄傲绽放。

而你终有一天会发现，

其实清风一直在，

只你未盛开。

愿你们坦诚相待
温柔相爱

与温柔的人成为亲人，因为温柔的人最懂得换位思考，最懂得包容他人。一个物质条件很好的家庭，若没有温柔的家庭成员，难以幸福。反之，一个家庭中的成员如果都是温柔的人，那么这个家庭物质条件就算普通，日子也能过得美满。钱财，是幸福家庭的充分不必要条件，而温柔的人，则是幸福家庭的充分必要条件。

找靠谱的人共事，和聪明的人聊天。信任是最低的沟通成本，同样也是最高的交易成本。靠谱指数要远远重要于能力指数。有能力的人越来越多，靠谱的人越来越少。德才兼备，又有远见的人，永远都是这个时代所紧缺的。

找漂亮的人恋爱，与温柔的人结婚。漂亮算是一个门面，但并不代表美善的内心。温柔并不是软弱，而是一种忍让的包容。漂亮的人越来越多，温柔的人越来越少。有爱的温柔，比起外在的漂亮要体面更多。若有人既漂亮又温柔，乃属上天的恩赐。

靠谱和温柔，现已成为严重的稀缺资源。

何为靠谱？靠谱表示可靠，值得相信和托付的意思。不靠谱就是"离谱"，表示不切合实际，不值得信赖。如果说某人"很离谱或不太靠谱"，意思就是，此人让人不放心，人品不可靠，感觉靠不住。

何为温柔？温柔表示温和柔顺，凡事带着忍耐包容的爱。温柔是一种特别的内在力量，能驱散不安的情绪，能鼓励失落的心灵，能安慰受伤的灵魂，能复苏枯萎的爱。心胸宽广的人，心里一定蕴藏着别样的温柔。

只要智商不低下，能力可以被培养，然而靠谱却难以培养，它是一种与生俱来的天性。中国从来不缺聪明人，尤其是社会上流行的那种小聪明。就如学坏一样，不用教，看多了自然就都会了。

靠谱的人往往遵守内心的原则和底线，亏欠别人对他们来说难以接受，同时也是内心无法逾越的一个障碍。

靠谱的人，大多选择宁可自己吃亏，也不愿占别人便宜。普遍来说，靠谱的人伤害的总是最多。生活中，靠谱和不靠谱的人都极为明显，不论在职场上还是情感中。

前段时间，科技创业圈因为一个人的离职引起了轩然大波。原本只是一个公司的离职事件，搞得满城风雨。大概的来龙去脉就是，F是在公司D初创期以CTO的身份加入的。从加入到离职已超过了6年时间，在这期间F也成为了公司的董事。创业公司刚开始都没有太多资金，基本都要靠期权来吸引外部高端人才。

当初F加入时，想必公司董事会应该已经谈妥分配F多少期权，以及何时可以进行分配。一般来说，这些期权在工作满四年后，便可要求行权兑现。6年后的今天，F提出离职，并希望公司对他的期权进行行权兑现。事情越搞越大的原因在于，在F提出离职后，D公司的人以匿名的方式在知乎开始黑F，主要攻击的内容是对F在任期间没有尽到CTO的职责，并且质疑F不具备CTO的能力等。

个人和D公司没有任何关系，也不认识F和他们其中任何一个。但就这个事件本身，就能至少反应几个问题，大家可根据自己的常识判断。1. 一个不具备CTO能力的人（暂且不说具体的能力如何），为何能被引入公司并且担任CTO6年时间？在这个期间其他人干吗去了？董事会干吗去了？2. 等人家离

不经历疼痛，哪有成功的蜕变

职要求行使期权兑现的时候，开始以匿名的形式黑别人，在道德层面已处于下风。要知道在一些大公司，只要是匿名投诉，被发现一律开除。要投诉，请实名。3. D公司在F的对外推动下，成为了一间知名并可信赖的创业公司。也就是说这是一间只知道CTO，却不知道CEO是谁的创业公司。4. 虽不知当初的期权协议如何签署，公司没有履行当初的承诺，或没有给予合理的行权，便有失诚信。

在职场上，尤其是创业，最难的一件事情就是从0到1。有了1，自然就会有后面的10、100、1000等等。每间公司也一样，从0到1的过程最漫长和艰难。没有人会知道在这个开始的阶段需要付出多少？牺牲多少？若在公司创业刚起步阶段能走到一起，还能共事，都是一种缘分和信任。

信任是靠谱的基础。"现实中，我们总是那么背信弃义，却又那么忠于自己"（这一句来自茨维塔耶娃的名言，用来彼此自我反省）要知道，出来混，迟早都要还的。信任又像一张纸，一旦皱了，即使抚平，也恢复不了原样。

在情感的世界里，态度温柔的人总是比脾气暴躁的人，更为有福。他们总能换位思考，明白每个人生活的不易，便更能对他人宽容。同时又能带着稳定的情绪和一颗安静的灵魂，处理人际关系，协调家庭生活。

前两年有机会认识了某著名跨国公司驻中国区的总裁S先生。他是一位有智慧有信仰的长者，为人柔和谦卑。有一次有幸到他家做客，刚好有几位相识的老朋友也在场，一起商谈各自商务上的事，顺便叙叙旧。他贤惠的太太正在厨房忙着给大家做饭菜。

记得当时S先生正和大家分享自己之前在美国毕业后的工作经历，刚毕业那时身无分文，找工作也很不容易。正聊得起劲，一个电话来了，S先生突然起身轻声温柔地说："贝贝啊，爸爸刚从英国出差回来，给你买了好多好吃好玩的，明天我去接你好不好啊？在学校要乖啊，听老师的话……爸爸超级想你……"

　　我们十来位友人坐在边上，也不吭声，故意偷听他打电话，边听边忍住笑声，因为完全不像他平时工作中的高大威严的形象和雷厉风行的作风。几分钟后，S先生打完电话，回到我们中间，见我们盯着他笑，觉得有些不好意思起来。便和我们随口说到，"不论工作多忙，每次出差回来，都尽可能亲自去接小孩，一起和家人过周末，不能让小孩在成长中缺失父爱。"

　　用饭期间，他太太在照顾好我们后，便安静地坐在S先生身边，听我们有说有笑。在给我们夹菜的同时，偶尔也提起当时他们在美国的不易，开玩笑式的"数落"他当时的一穷二白，但眼神中充满了满满的爱意。而他也会在大家面前，夸她漂亮温柔又通情达理，贤惠的料理家事和智慧的教育小孩。S太太听着，也是满脸的微笑和满心的喜悦。那一晚，我们大家都受益良多。

　　天底下没有不吵架的夫妻，但懂得包容的人会更珍惜彼此。将大事化小，将小事化无。家庭幸福指数越高，事业成功指数也越高。家，不是讲理的地方，而是谈爱的居所。越重视家庭的企业家，在事业上越有成就。

　　事业成功的人大有人在，但幸福感从来不是来自事业的成功，而是彼此和睦相处，彼此温柔相待的幸福家庭。

　　这几年，社会的大染缸迅速染遍了各个行业，该有的价值观和原则都丢得差不多了。在这个时代，那些不惜代价包括承受利润的缩减，并坚守道德底线和商业伦理的公司令人值得尊敬。随着人们对商业伦理开始心怀敬意，意识形态的逐步加强，在新商业文明的基石中成长起来的善商将会在不远的未来强势崛起。善商不仅仅是对外的承担社会责任，对内更是善待自己的员工。

　　与此同时，在爱情的世界和婚姻的关系中，每个人需要设立安全的界限，摆上负责任的态度，献出全身心的心志。对爱情很随意的人，对婚姻也不会认真到哪里去。往常都随意惯了，更像是一名惯犯。有担当的人，从不轻易开始，一旦牵手就会负责到底。

在一段确定的关系中，要学会拒绝他人。不应有暧昧的蓝颜知己，或红颜知己的危险关系。要学会温柔的最极致表达：对全世界高冷，只对一个人卖萌。

不论世界如何变化，我们都要竭力成为一个靠谱的人。不论他人如何相待，我们都要尽力成为一个温柔的人。对工作事业有原则，对人际关系有底线，对家人至亲有温柔爱。在冷漠的世界里，愿我们转角遇到爱。在虚妄的人生里，我们都当彼此坦诚相待，彼此温柔相爱。

珍惜那个还能称为朋友的人

人生中，观众向来比朋友多。观众只会让人从视觉上舒服，朋友却会让你内心感动。朋友不是天天见面，吃喝玩乐，相互吹捧。而是懂你，在精神上，灵魂上支持你，鼓励你，帮助你。在你有所不足时，指正你。肤浅的人，交的是观众；上进的人，交的是朋友。

真正的朋友，不是只给你掌声和赞美。真正的朋友除了鼓励，更多的是建议。

真正的朋友或许不会说漂亮话，但却会说真心话。真正的朋友不只是锦上添花，更多是雪中送炭，不要拒绝真诚的话，更不要拒绝一颗真诚的心。人与人，一场缘：心与心，一段交流。朋友，需要的不是数量，而是质量，与有品位，人品好的人相处才能提高自己。

关心，不需要甜言蜜语，真诚就好；友谊，不需要朝朝暮暮，记得就好；问候，不需要语句优美，真心就好；爱护，不需要某种形式，温暖就好。真正的朋友不是不离左右，而是默默关注，一句贴心的问候，一句有力的鼓励。友不友情，要看相处；永不永恒，要看时间。日子久了，与你无缘的自会走远，与你有缘的自会留下。

真正的朋友，是你失落时的一双手，痛苦时的一个肩膀，气馁时的一句安慰；真正的朋友，不会因你的荣耀而想沾光，更不会因你的落魄避而远之；真正的朋友，默默付出不求回报，只求你越来越好；真正的朋友，是你坎坷时的风雨同

不经历疼痛，哪有成功的蜕变

行，磨难时的信念支撑；真正的朋友，是你辉煌时的警示，失意时的勇气；真正的朋友，因你喜而喜，因你优而荣，因你难而疼，因你苦而痛。真正的朋友，就是一双手，一个肩膀，一个怀抱，一个鼓励，一句安慰，一个信任，一份相伴。

做一个坦荡的人，做一个真诚的人，做一个善良的人，做一个有尺度的人。人活着，一份自然再加一份真，不属于自己的，不要去抢夺，因为ta本就不属于你，只是偶尔路过你；是自己的，时间会把ta带到你面前。人要善良，但更要有尺度，还要辩得清是非，不是所有的人都能成为朋友，也不是所有的人都值得你付出真心或是发善心。做人不要斤斤计较，但要有原则。他人有过，不究；于人有恩，不念。

任何感情都需要用心呵护，好好珍惜。朋友，或许不能朝朝暮暮，或许没有甜言蜜语，但一定要真心、真情、真爱。不要轻易试探朋友的心，更不要怀疑朋友的情，再好的感情，都经不起一颗猜疑的心。人，总会在乎一份情，在乎在对方心中的位置。缘分不在于长短，而在于交心。一生中，能成为真正朋友的不多。珍惜该珍惜的，拥有该拥有的。如此，安暖、安好。

来来往往的皆是过客，相伴同行的才是真朋友。一生中的朋友有很多，而真正的朋友却没有几个。懂你的无须多言，不懂你的说再多都是白费。真正的朋友会有一份笃定不移的信任。人要低头做事，更要睁眼看人，择真善人而交，择真君子而处。

人的一生，就是面临一个又一个的选择，包括选择朋友。交朋友，只是彼此间选择友好，而不是选择某个依靠。朋友间相互支持没错，但不能把朋友当成某种精神支柱。人间的缘，聚聚散散，能一直走下去的少之又少。所以，无论何时，都要有一颗独立的心，假如有一天分开，你就不会失去自我，找不到方向。有多少好朋友，从无话不谈，到无话可谈，不是情不在，而是经不起某些风雨。交友需真需诚，对事需轻需淡，己心需独需立，距离需适需宜。

人活着，圈子不要太大，容得下自己和一部分人就好；朋友不在于多少，自然随意就好。有些人，只可远观不可近瞧；有些话，只可慢言不可说尽。朋友，淡淡交，慢慢处，才能长久；感情，浅浅尝，细细品，才有回味。朋友如茶，需品；相交如水，需淡。一份好的缘分，是随缘；一份好的感情，是随性。相交莫强求，强求不香；相伴莫若惜，珍惜才久。

　　有时候，人需要的不是物质的富有，而是心灵的慰藉；不是甜言蜜语的左右，而是相通的懂得。关乎于情，因为动心；感动于心，因为认真。一段话入心，只因触碰心灵；一行泪流下，只因瓦解脆弱。人生中有朋友是幸福，有知己是难得，有知心是难求难得。风雨时，才能见真情；平淡中，才能见真心。

　　有所珍惜，才有有所真心；有所懂得，才有所值得。不相对，已然在心；不诉情，已然懂得。

　　真心见真情，真情见真人。

　　好朋友不一定天天见，但一定会常想念；真情谊不一定浓似酒，但一定会心里有。好的感情或许很淡，如水，似茶，细细品，慢慢尝，个中滋味才能体会。受伤时的心疼，难过时的陪伴，胜过千言万语。

　　甜言蜜语筑不起真感情，虚情假意得不来真心人。当别人不信你时，TA只有两个字：我信；当别人离开你时，TA只会淡淡地说一句：我会一直陪着你。世上最让人感动的不是甜言蜜语、海誓山盟，而是有人信你，一直陪你。

　　有些人，慢慢地就散了；有些情，渐渐地就淡了。从最初的无话不谈，到慢慢的无话可谈；从一开始的无所顾忌，到渐渐的有所顾忌。来得热烈，未必能长久持续；不远不近，未必会很快离分。感情，需要的是理解；相处，需要的是默契；陪伴，需要的是耐心。虚情留不住，真心总会在。一份情，因为真诚而存在；一颗心，因为疼惜而从未走开。一生中，能成为朋友的也就那么几个，好好珍惜那些在很久以后还称为朋友的人，真的很难得。

珍惜那个跟着你吃苦的女孩

下班路上刚好有一对情侣与我并肩而行，他们看起来年龄不大，女孩挽着男孩的胳膊边走边说：虽然这边工资比以前少一千多，但是我在这儿干的顺心啊……

男生没有及时回复她，过了一会说：一千多块钱不是钱吗？你怎么这么自私，我们还要攒钱买房子呢！

女孩说：我也想多赚这点钱，但是我那份工作真的很累心，领导……

没等到女孩子把话说完，男生开始大声吼她：就你累？难道我不累吗？你怎么就不能为我们以后想想，能不能别这么任性……说完便撇下女孩一个人继续往前走，女孩觉得他不懂她职场的难熬，无奈地摇摇头并没有追上去，低着头叹了口气继续前行。

大概是男生从一天的忙碌工作中逃离想舒一口长气的时候，女孩说想换工作，但是收入却比以前少了，一直在埋怨女孩子自私，偏离了他们曾经规划的美好生活的路线。

假期见了大我一岁的姐姐，她说在两个人约好去见男方父母的时候，突然特别恐惧，她都怀疑自己是不是恐婚，妈妈劝她去拜访一下男方家长，成不成是一回事，不去的话那铁定是成不了了，回来之后我问她是否顺利，她说一切都顺利，不过还是不想跟他在一起了。

两家距离不算太近，两个人又在离家很远的中国的最南边工作，一年仅仅回家一次，恋家的姐姐时常感到只身一人在远方的无助，每次跟男友说到要不要换个离家近点的地方工作的时候，他总是那一句话回绝：你觉得离家远，孤苦伶仃？难道我不可怜吗！

最后总是在冷战中艰难地度过两个人的本该甜蜜的时光。

姐姐的工作是有销售性质的，业绩好可以卖到小一万的时候，姐夫什么都不说，但偏偏哪个月卖的不够好，姐夫总有一万种理由来教育她，什么她工作不努力，要找自己的原因云云。

姐姐总是很无奈，说现在的行情就是这样，我总不能逼着人家来买我的东西。

两人都是名牌大学毕业，在大学时期就陷入了爱情的沼泽里无法自拔，最容易说分手的毕业季丝毫没有减慢他们准备走入婚姻殿堂的脚步，都拼命工作着，为了支付起二线城市一套不大不小房子的费用。按照现在的结婚风俗来讲，大概很多城市都会以男方家买房为主，姐夫家倒不是条件不好，两个人商量愿意自己努力攒钱从而得到想要的东西，也为了让两大家人没有压力过得好一些。

姐姐说，我是想着我能赚到多少钱我就赚，赚不了我就希望有个人养着我。

我表示赞同，真诚地点点头，每个人的见识想法不同造成了决定不同。

到这儿大家应该想到的就是干得不好就真的要嫁得好了。

并不是，她接下来又说：我是因为他连一句安慰的话都没有，别人都有周末，我们是单休，请假还是要扣钱的，达不到业绩基本工资全部被扣掉之后提成也没有，所以为了换春节的多一周假期，我已经连续半年没有休息过了。

我开始心疼她。

她说他们在一起五年，一直都是这种状态，姐夫从来没有支持过她，不过有一件事我清楚地记得，有天姐姐跟我说她与一个女同事的种种，最后不欢而散，她说不知道自己是否做错了，就连每次她和姐夫谈及别人的时候他总觉得是姐姐不对，唯独那次，他终于觉得姐姐对了。

我想，那应该是那个女同事真的错了吧。

有个女同学，我们都叫她CC，C姑娘人美性格活泼，班里的男生都能把她捧上天，追求者很多也不排除家好人好各种好的男生，但是她偏偏找了人丑嘴不甜长得磕碜还没钱的男生G。

最近一次见到她的时候应该是她刚刚和G分手，那时候的她面黄肌瘦，往日阳光活泼的气息全无，拉着行李箱来找我，可怜兮兮地让我收留她一晚，她说开始好多人都觉得她应该嫁得好，但是她偏偏不听，非要找一个自己中意的人一起奋斗，G先生贪玩迷恋游戏，找工作也是高不成低不就，随便找了个工作敷衍着生活，CC工作还好，待遇也不错，但是CC的工资全部被G先生拿来买游戏装备，两个人用G先生一千多块钱的工作生活着，CC很不爽，她说她在超市常常思考这个东西到底该不该买，那个东西该不该要，她努力找各种理由说服自己，省下这笔钱。最后两个人吃饭吵，上班吵，下班还吵，吵着吵着，G先生嫌她烦，觉得CC嫌弃自己没钱，说她肯定是找到有钱人做干爹，就分手了。

算起来那时候CC上班也有两年了，到分手的时候她一分钱都没攒下，信用卡还刷爆了。哭化了妆的她靠在我的肩膀上跟我讲这些的时候，她说自己若是嫌G没钱，一开始就不会跟他在一起了，问我自己跑出来做得对不对。

我说不对。

她说：那我还是回去好了。

我说，我说的不对是你没有早早下决心离开那个人。

当天我们看到G先生发的一条状态：找到一个能跟自己一起奋斗的姑娘真

的好难！

当时真的想抡圆了胳膊抽他。

往往两个人商量好结伴同行的线路，但凡有一个人稍稍偏离路线，就会造成意见分歧吧，

你们结伴同行了那么久，就别轻易在下一个路口分道扬镳。

我并不支持女人是男人的附属品，就该独力赚钱养家这种说法，也不支持妇女就该顶整片天。

只是恰好因为你们有相同的见识，刚好在这个美好的年纪，可以决定自己想要的人生，

她可以选择好的生活，也可以跟你一起奋斗创造出属于你们更好的未来。

但如果你认为她跟你在一起应该跟你吃苦受累，一分钱必须掰成三瓣儿花，少赚一分钱都不行，那她离开的时候也不要骂她，世事难，莫过于好聚好散。

可以感到遗憾，但不要后悔才是。

请收起你的
满心欲望

几年前，我一朋友在其微博上说："生活不会因你放弃理想而变得简单一点点。"原话记不清了，大意如此吧。而我自己的某一段人生经历恰是对这句话的最好例证。

在我放弃理想后的那几年，我的生活非但没有变得简单轻松，反而变得更艰难困苦了，甚至一度觉得生无可恋。那是一段浑浑噩噩的时光，那时的我，不断追逐一些短浅的眼前利益，为此我做了很多急功近利的事，结果做这些事的回报少得可怜。那时的我，终日蝇营狗苟，焦虑迷茫，心力交瘁，怨天尤人，面目可憎，心如死灰……

直到某日深夜，我问我自己：你为什么一定要活得如此痛苦呢？你到底在怕什么呢？你害怕干你最想干的事情会把你害得很惨？

那一刻，我终于明白了：有些事不干不会死，但会生不如死。

意识到这一点之后，我决定回到原点，去干我原本最想干的，去追求我最初的理想。这之后，我还是走了很多弯路，但在反复挣扎之后，我渐渐明白了理想对于我来说究竟意味着什么，也渐渐明白了我应该为之干些什么。当我开始去干这些事时，我的生活反倒变得简单轻松、豁然开朗了。因为我正在干的事，是我最想干的事，是我愿意为之奋斗一生的事，是无论多难多累我都甘之如饴的事。我知道了我应该干什么，不应该干什么。我的生活有了一个明确的方向，无论前路多遥远多艰难，我只要日复一日不断前行就可以了，这感觉有点像唐僧西游。

很多人都说理想不能当饭吃，我不能说他们的这种想法一定是错的。只是我们来人世间走一遭，就是为了能吃饱饭吗？如果人活着只是为了能吃饱饭，那跟动物有什么区别？生而为人的最大乐趣就在于人可以有各种各样的理想，而且人有能力将理想变成现实，这是人与动物的最大区别。

这个世界上有两类人：一类是普通人，另一类是天才。让普通人像天才一样生活，或是让天才像普通人一样生活，都是极痛苦的事。只是换一个角度想一想，没有人能在所有领域都是天才。你在这个领域是天才，在另一个领域你可能就是一个最普通的人。所以我更倾向于认为每个人都有一个能让他成为天才的领域。在某种意义上，确立理想，就是找到这个领域。只要找到这个领域，进入这个领域，竭尽全力，坚持到底，每个人都能成为所谓的天才。只是大多数人因为害怕尝试，或是屈服于现实生活的各种限制，错过了成为天才的机会。

每个人的身体里都隐藏着巨大的潜能，琐碎随意、急功近利的目标是无法激活这巨大的潜能的，唯有一个足够远大的理想才能将其激活。

理想不能是别人强加给你的，理想必须是你自己主动选择的目标。别人强加给你的理想，无异于强制性苦役。

平心静气地想一想，干什么最能绽放你的生命之美？干什么最能释放你的生命活力？想清楚了就立刻去干吧。

一个真正有价值的远大理想不会让你变得心浮气躁，它能让你内心宁静，这是不可思议的宁静，这是生机勃勃的宁静。正所谓"宁静以致远"，唯有长久的宁静追求，才能实现一个真正有价值的远大理想。如果你不知道你的理想是什么，那你不妨回想一下你内心最宁静的那些时刻，回想一下你因为干了什么而使得你内心宁静。

一个远大的理想，就是一个伟大且明确的奋斗目标。古往今来，很多伟大人物之所以能成就伟大，只是因为他们的奋斗目标伟大且明确，他们高度专注于自己的理想，锲而不舍地奋斗、拼搏。目标明确，能让他们最大程度上有效避免无谓的心力消耗。

很多天资聪颖的年轻人，最终身陷平庸失败的烂泥坑里无力自拔，不是因为他们没有理想，而是因为他们的理想太多了。他们今天想实现这个理想，明天想实现另一个理想，后天又想实现其他理想。如果一个人有多个理想，等于没有理想。

人这一生能干好一件事就已经很了不起了。一生只干一件事，虽然也会有时不我待的紧迫感，但更多的时候，你可以从容不迫，你可以游刃有余，你可以快乐而充实地享受你生命中的每一天。

没有巨大的舍弃，就没有巨大的成就。没有巨大的舍弃，你绝无可能实现一个远大的理想。舍弃是比占有更高明的智慧。真正明智的人生，是不断做减法的人生。人生必然且只能因目标极简而成就伟大。

人在一心一意时，会感觉很快乐、很充实。人在三心二意时、则会感到很郁闷、很空虚。

目的越单纯，人生越快乐。好好想一想，你干什么时动机最单纯，感觉最快乐，那就慎重考虑一下能否将干成这件事确立为你的理想。动机单纯的理想最美好，而且动机越单纯，反倒更有可能取得惊人的成就。

你的理想可以豪情万丈，可以气吞万里如虎，但却不能是完全无视现实以及自身状况的痴人说梦式的理想。你的理想可以源于你的直觉，但与此同时，一定要冷静思考，根据你的天赋、兴趣、能力乃至你所身处的时代大环境来确立你的理想，还有你的个性，所有让人丧失个性的理想都是伪理想。你的个性是无价之宝，是你最强大的竞争力。所有丧失个性的人必然活得很丑陋，死得很难看。

在确立理想时，不要只是想你想干的事对你自己有什么用，好好想想你想干的事对社会有什么用。自私利己是人的本性，只是做事时如果总是只考虑自己，是最低级的利己主义，做事的同时努力造福于社会，则是最高级的利己主义。如果你想实现一个远大的理想，必须奉行最高级的利己主义。

那些自私自利、心胸狭隘的人，绝无可能实现一个真正有价值的远大理想。

用更广阔的眼光去审视整个人类世界吧，想方设法去影响社会，做对社会有益的事。你打算去干的事对社会越有益，你取得的成就就越大。

中国人的处世哲学是"木秀于林，风必摧之"，这句话看似很有道理，但问题的关键就在于人非草木。树木只求安然生长，而人却不会满足于此。一群信奉缩头乌龟哲学的年轻人遇事不敢出头，却妄想未来能有出头之日，能干一番大事业，有一番大作为，世界上最可笑可悲可叹的事莫过于此。

一个年轻人的远大理想不是说完全顺应社会就自然具有巨大的社会价值了，就自然对社会有益了。恰恰相反，一个真正具有巨大社会价值的远大理想可能会与现实社会之间有很多冲突，要有对社会中那些陈腐僵化的体制弊病发起挑战的勇气和决心。例如日本建筑家安藤忠雄曾说他精神的原点是日本20世纪60年代反体制青年的叛逆精神，一种绝对非主流的战斗精神。而他个人奋斗的原点是想靠一己之力对抗现代都市这个大怪物……

年轻人一定要有"敢为天下先"的勇气。敢做出头鸟，不怕出丑，不怕犯错，不断学习，不断进步，勇于发表你的见解，"宁鸣而死，不默而生"。

以特立独行之心，干积极入世之事。如果你觉得你面对的社会肮脏污浊，更要积极入世，而不只是遗世独立，孤芳自赏，假装清高。

理想不是别的什么，理想是至死不休的追求，也是永无休止的战斗。当你努力实现一个可以推动社会进步的远大理想时，莫愁天下无知己，你会发现四海之内皆兄弟。

不经历疼痛，哪有成功的蜕变

[
保留一个
超越自己的机会
 ]

[1]

有一天，我在朋友圈发了一张美喵的照片，朋友西西小姐说："它是只小母猫吧？"我说，"对啊，是因为它长得漂亮，你就猜到它是只母猫吗？"西西说："并不是。"

过了一会儿，她发给我一个链接，是关于如何判断猫的性别的一篇长文。

据我所知，西西家里并没有养宠物，近期也没有要养的打算，但她兴致勃勃地跑去学了如何判断猫的性别。我忍不住调侃她："你学这个技能是为了啥？"

她回答："对世界保持好奇和探究的热情，是人们永葆青春活力的秘诀。"

对了，西西就是那个约我一起去上厨师班的姑娘。今年夏天，她丢给我一个业余中餐厨师班的招生链接，为我描绘了在家里做出一桌满汉全席的美好画面，动员我："一起去学吧！"

像她这么时髦的一个人，压根儿不会让人把她和厨房联系在一起，但是她说："你不觉得做菜的时候很平静很治愈吗？"

此前，我是一个对做菜毫无兴趣的人，所以对于我花钱去上厨师班这件事，身边的许多人都不理解。比如我妈，她认为我在家看看她怎么做就能学会了。实际上，我看了30几年也没学会。

我告诉她，学校系统地教，并且可以与同学交流分享的效果还是不一样的。再说有些事情，你花钱了就会好好学，不花钱就是不会好好学。人付出成本了，才会珍惜。

还有人认为，你这么多年不会做饭也没饿死，继续这样下去不好吗？

不。我理想的人生是不断有新的开始，而不是习惯就好。

事实证明，我的选择是正确的。经过两个多月厨师班的学习，当我能够毫无压力地做出话梅排骨、鱼香肉丝、宫保鸡丁和农家小炒肉这些家常菜时，巨大的成就感让做菜成了一件值得期待的事。

做菜，过去我认为非常琐碎、枯燥，现在认真去做，尤其觉得自己有了做好它的技能与底气之后，竟然真的可以从中感受到西西所说的那种平静和治愈。

原来，一个人喜欢做一件事，是因为他做得好，对生活充满兴致，也是因为可以从成就感中不断获得认可与鼓励。这或许就是我们需要认真地学习如何去生活，而不是随随便便混生活的原因。

现在，西西又找了个外教开始学英语，要学标准的伦敦腔。

"为什么？你有新男友了？"我很八卦地问。

她说："不为啥呀，觉得能流利地说一口高冷的英式英语很酷。"以前上学的时候，西西觉得英语挺枯燥，现在反而乐在其中。"老师的发音很棒，跟唱歌似的。体会不同发音的区别，找到规律，这个过程也很好玩。"

不知你有没有这样的感受，走出校门一段时间后，反倒愿意去学习了。你会更容易找到学习的乐趣，以及明白自己为什么而学。

西西的工作很忙，但她并没有成为一个忙碌而无趣的人。相反，每一次见到她，总有新鲜而有趣的见闻与我分享。她总让我相信，一个人不断学习新的知识，保持探索世界的热情，就可以既有活力又青春满格。

不经历疼痛，哪有成功的蜕变

[2]

我的朋友韩小蓓，这两年在学韩语。她们班上的同学，大部分年纪只有她的一半大，准备出国读书或者工作。而她，仅仅因为单纯的喜欢，每周风雨无阻去上课，回家还跟学生一样做功课、背单词。

她跟大部分学生最大的区别是，很多人是在有目的的被动学习，而她是在快乐的主动学习。

她说，走出校门以后，最大的幸福就是你不必总是基于考试去学什么，而是可以基于兴趣去学。

此前，她也花了两年的时间，以同样的热情死磕法语。我不太明白她为什么在学一种新的语言时会快乐又满足，因为学语言本身是挺枯燥的事啊。

韩小蓓说，大概是因为真实的生活强加给我们太多无法克服的难题，因此不为考试、工作而学习的知识，反倒变成了不需要承担任何责任的、轻松的事。

人是一个矛盾体，不能太闲，闲则生变、闲极无聊，也不能凡事都为目的而活，否则很容易被目标压垮。因为无论多么努力，人也不可能实现所有的目标。

成年人在没有目标、看似"不用负责任"的学习中，得到的是一种适中的、不必背负内疚感的自由。

[3]

我身边还有朋友学古琴，平时工作狂人，上课的时候连手机都不开，那种全然的沉浸，让浮躁的心变得平静又踏实。

还有一个朋友在学国画。她跟我说，学画画之前，她从不留意小区花园中的紫藤、下雨时屋檐下的雨滴。现在，她从平常的日子里，处处都能看到美。

　　学习到底是为了什么？考高分？然后呢？"实用"的学习深入人心，很多人可能在离开学校之后就不再学习了，他们也因此丧失了对这个世界探究的热情和永葆青春的能力。

　　离开学校后，学习是否就结束了？答案恰恰相反。真正的、愉悦身心的学习才刚刚开始。

　　正如梁文道所说："读一些无用的书，做一些无用的事，花一些无用的时间，都是为了在一切已知之外，保留一个超越自己的机会，人生中一些很了不起的变化，就是来自这种时刻。"

善待你的父母

前阵子，我给妈妈在手机上装了一个视频软件，方便她随时看老剧。

妈妈很喜欢，把之前的《梅花三弄》《渴望》《年轮》都翻出来看。

不过也有不便之处，她对视频软件的操作不灵光，不知道怎么搜剧，也不知道怎么选集，每次都得让我帮忙。

她看剧看得勤时，问得也就勤了，难免让我心情烦躁。有一次没忍住，我跟她说话的口气很不耐烦。

那次之后，妈妈好长时间都没找我给她弄手机。

有一天，妈妈看我吃完饭，就试探性地跟我说："闺女，不忙吧？能不能帮我搜一下《婉君》，我自己摆弄了半天，实在搜不出来……"

她说话的声音越来越小，说到最后一个字时都没声了，显然没什么底气，怕惹我不高兴。

我赶紧赔上笑脸，帮她把电视剧搜了出来。

妈妈的举动让我很心疼。从什么时候起，我那个说一不二的强势妈妈变得这么唯唯诺诺了，连找我帮个小忙还要如此小心翼翼。

恍然间才发觉父母都老了。

就在我们渐渐长大，从稚嫩的婴孩变成独当一面的大人时，我们的父母也在老去。

他们的精力越来越差，比我们懂得的东西越来越少，让我们拿主意的时候越来越多，眼界和经验也被我们比下去，成了时时需要依赖和仰仗我们的老小孩。

我们总以为只要多赚些钱就能让父母安度晚年。其实父母要的并不是太多的物质，而是一份安全感。

不需要讨好我们，不需要在我们面前小心翼翼，不需要担心自己的衰老和蠢笨惹我们嫌弃。哪怕一无所有，也因为自己的儿女无所畏惧。

我们对父母最好的爱，就是好好保护他们年轻时的"强势"，让他们在我们面前永远有底气。

我们对父母最好的态度，就是时时把他们放在心上，像小时候那样在乎他们的喜怒哀乐。

一个人对父母的态度，有时会在关键时刻改变他的人生轨迹。

表弟去相亲了。

听介绍人说，这家姑娘不错，长相百里挑一，性子又单纯，还是大学老师，和条件好的弟弟特别相配。

可表弟没看上人家。

我以为介绍人又夸大其词了，把个丑姑娘夸成一朵花。没想到表弟说姑娘确实漂亮单纯，和他也聊得上来，其实他挺心仪的。

让表弟对姑娘失去好感的是一件意外。

表弟中途去了趟卫生间，从卫生间出来时看到姑娘正对着一个衣衫老旧的妇人发脾气。

表弟看这两人面貌相似，猜测妇人是女孩的妈妈。

他为了不让两人尴尬，没有走近她们，但隐约能听到姑娘说的话。

没听两句，表弟就知道怎么回事了。原来那确实是姑娘的妈妈，她不放心，就悄悄躲在两人后面偷看，想帮女儿把把关。

其实这位姑娘的妈妈也是好意，但姑娘很生气。她把妈妈从头到脚数落了一通，言语里面还夹着嫌妈妈丢人的字眼儿。

姑娘的妈妈一句不敢还口，一直低头听着。她看着比同龄人苍老很多，显然平时受了不少苦。

后来问介绍人才知道，原来姑娘的父亲早逝，全靠母亲一人把孩子拉扯大，又当爹又当妈，日子过得很不容易。

这样和女儿相依为命的妈妈，在公共场合都能被女儿如此数落，在家的情形可想而知。

爱父母是诸德之本。一个人，如果连对自己的父母都不好，那么他的外表再光鲜亮丽，事业再辉煌，社会地位再高，也是一个卑劣之人。

表弟就是因为这一点拒绝了姑娘。他说，他可以接受姑娘家里穷，也可以接受姑娘是单亲家庭，甚至可以接受姑娘有点小脾气，但就是不能接受她对自己的母亲态度这样差。

听介绍人说，姑娘非常中意表弟。本来她挺让表弟动心的，却因为对母亲的态度，失去了喜欢的人，也和一段美好的姻缘失之交臂。

父母是我们人生的起点，他们给了我们生命。让我们有游历人生的机会。

父母也是我们人生的转折点，我们对待他们的态度会把我们引向不同的人生轨迹，从而遭遇不一样的人生。

其实，从某种意义上说，父母还是我们人生的终点。他们能认证我们到底会变成什么样的人，是失败的人，还是成功的人。

别让你的成长拿父母的身躯当垫脚石，别让你的勋章拿父母的血泪当原材料。

成功不在外面，它始终在家里。它不是你从外界赢得的鲜花和掌声，而是你永远都有能力保护自己的至亲不受委屈。

温柔坚韧的
女孩更受人喜欢

当你早起睁开双眼，在世界的某个角落有姑娘正因为分手而哭得雨打梨花，当你喝下清晨的第一口咖啡，有姑娘幽怨地迈入了大龄剩女的行列。每时每刻，在咖啡厅、商场、出租车上，都有一群姑娘聚在一起谈论爱情，憧憬童话，抱怨男友。你总能听到邻座的姑娘在羡慕别人的男朋友，个高人帅钱又多，温柔体贴又大方，专一善良有品位。而她虽然腰细胸大皮肤好却总是运气不好的遇不到那个Mr.right.于是每一个现男友都变成了EX，而那个别人的男朋友却依然踏踏实实地陪在那个看起来平凡的要死的姑娘旁边。

很多姑娘信命，她们觉得自己之所以不幸福不过是还没有遇到那个合适的人，一切的不幸不过是源于运气太差和错误的选择。她们在失败后一把鼻涕一把泪地哭诉，如果能够重新选择一次，一定能慧眼识人，一定会体贴温柔，一定会幸福的。如果，真的让你重新选择，你会幸福么？

单元剧《恋爱季节》秋季篇的女主因一场电影选择了那个喜欢了她很久的同事，婚后幸福甜蜜。老公拼命赚钱只为领她去马尔代夫度蜜月。但是婆婆的到来却给看似美满的生活掀起了大波澜，生活习惯的差异，为人处世的区别，她骨子里的自我骄横导致两个人的战争不断升级。别扭，争吵，最终婆婆中风，丈夫盛怒之下出轨，她的"幸福生活"就这样灰暗落幕。她落寞地想，如果当初没有选择这个男人，而是选择了那个温文尔雅，家境优渥的律师，那个现在那个律师身边笑靥如花的那人就应该是自己了吧。如她所愿，她拥有了重新选择一次的权利，这一次，她拥有了人人艳羡的婚姻，帅气多金又体贴的丈夫，学识渊博书香气浓厚的前明星婆婆，简直是所有女人的心中的爱情范本。但是她的粗心大意搞砸了婆婆的书法义卖，漫不经心又让婆婆中毒，多疑猜忌致使丈夫失去生育能力，最终的假孕欺瞒成为了压死骆驼的稻草，当她以故意伤人罪被抓起来调查的时候，她困惑，她不解，事情怎么会发展到今天这一步，她明明应该幸福的啊。

性格决定命运，女主之所以不幸福，重点不在于她选择了谁，而在于她是谁。小时候的自大好胜，长大后的麻木无理，习惯了被宠爱的自我早已奠定了她今日的结局。不管是一次的重新选择，还是十次的重新选择，她大抵都会惨淡收场。最后的最后，她终于醒悟到一切不幸其实是源于自己，她终于成为了全新的自己，善良体贴，做成了完美的妻子。当完美的妻子无法满足丈夫，她努力成为一个完美的情人，失败后，她坦然地选择了一个人潇洒的生活，不卑不亢，自立自在。此时此刻的她，是最真实最有魅力的她，不依附男人而生，不抗拒男人而活。

我特别佩服一种姑娘，一个人活得神采飞扬，两个人过得更加有滋有味。而有的姑娘一个人过的糊里糊涂，两个人了也是满腹牢骚生活苦闷。有时候静下心的时候常常会想"你是什么样的人就会遇上什么样的人"这句话真是很有道理。你谦和大方，宽容的对待他人，自然能够看到他人的美好，让人相处的自在痛快，相对的就会被人从心底的呵护。你骄横无理，自我主义，你需要被无休止地包容和宠溺，最终会让爱你的人无奈伤心，失落离开。有人说男人最在意的可能是性，女人最在意的可能是钱。事实上，可能是女人最在意的是性，男人最在意的才是钱。我们之所以不幸福，不过是因为我们其实根本不够了解自己，不知道自己到底是怎样的人，不知道自己到底需要什么。

就好像人群中受欢迎的人总是那种性格很好的人。他们身边总是有很多的朋友，他们散发着一种让人温暖的磁场，吸引着大家去靠近。而脾气很差个性又懒的人无形中就在散发着一种让人抗拒的气息。最终你的圈子中只剩孤独的自己，而你恼怒，觉得都是别人的错，习惯了抱怨的人生，总是下意识地在别人身上找原因。其实一切的一切都不是突然的发生，一切的一切早已经是命中注定。你为什么不幸福？你不幸福，不过因为你自己。

你若盛开，清风自来这句话很多人喜欢。在等待清风的过程中，我们能做的就是努力生长，骄傲绽放。而你终有一天会发现，其实清风一直在，只你未盛开。

愿你灿烂绽放。

不经历疼痛，哪有成功的蜕变

有时候浪费
也是一种享受

我的朋友L是一个接近三十岁的大男孩，至今单身，爱好户外旅行，并在驴友圈子里有很高的知名度。我经常会从博客里看到他的旅行片段，有琳琅满目的行走战利品，有多姿多彩的特色美食，有千奇百味的民俗风情。从他分享的照片中，总能够让你大饱眼福，享受许多不一样的视觉盛宴；也用目光跟随他的脚步，到过很多的地方，遇见过许多的人，品味着精神世界的精品佳肴。但这一切终归只能存在于想象之中，无法身临其境。

相同的年纪，比起他我算是保守的人，志趣与喜恶大多维系在现实之上。按时工作，到点吃饭，规律性作息，选择性娱乐。想要旅行，也非要计算着时间成本和物质代价，在没有出发之前，就能找到一大箩筐望而却步的顾虑，因而从不敢轻易迈出脚步。

规划过行程，冬天的时候，想要春暖花开再出发；到了春天，又因诸事缠身，寄希望于夏天；等到身穿半截短袖的时候，又期待去欣赏落叶的美景。因而，长这么大，至今未曾有过一段说走就走的旅行。

L的故事还有很多，作为资深的发烧驴友，他一直都在路途中，过着居无定所的生活，冬天在海南，春天又到了西藏。几年间，足迹遍布中国的各个城市，自然也比别人多了几份通透的阅历。

即便有时他很贫穷，睡过大街，轧过马路，靠白开水充饥，所有的行囊就只剩下一个背包和单反相机，但总能够随时上路，不遗余力地享受着旅行的过程。并且这一过程，串联成他最美好且又丰盈的人生。

记得两年前，他与三名驴友伙伴放下现有的工作生活，从全国各地聚集一起，骑着单车开始了一段为期八个月，一万两千公里的行程生活。期间，他们沿途走访慰问了12所贫困山区里的希望小学，为支教老师和大山里的孩童送去了精神的慰藉。

他曾无比感慨地对我说，生活在钢筋水泥的城市里，有些人还常常感觉自己一无所有，但是比起大山深处的孩子们，我们的人生总是那么饱满与富足。世界上，没有什么比精神的贫瘠更让人感觉饥饿和无力的。

于是每到一处学校，他们都会将省吃俭用的盘缠换来一部分学习用品，亲手交到孩子们的手上，希望让他们知道，外面还有一个五彩斑斓的世界，还有很多像自己一样的人，在关注着他们的成长，等待着羽翼丰满再翱翔。

也有很多媒体对他们进行过报道，关于此事大家褒贬不一。有人说是公益行为，将骑行与慈善结合到了一起，为贫困的孩子们播下了梦和希望的火种。有人说是逃离现实生活，不务正业，白白浪费了大好的青春。但是这些并不重要，重要的是他们自己内心的那份满足与快乐。因而他们并没有在别人意念的口水中放弃前行，青春在自行车的踏板中翻滚跳跃，在滚滚的车轮里闪着光芒。

那次骑行的活动，从策划到队员招募，到训练出发，再到万里行进，大概耗用了一年的光阴。这一年，在人生的坐标轴距上不算长也不算短，可能也会耽误和搁浅了一些东西，但是带给他们的，却是心灵的一次次震撼和洗礼，年轻的生命也因此而美丽。

如果没有开始这段行程，他们的人生可能会像都市里的许多年轻人一样，过着朝九晚五的职场生活，业余时间要在游戏，约会、逛街、购物和觥筹交错的应酬中度过。一年也同样过得很快，如同白驹过隙，但细数过往的时候，便没有多少回忆能够温暖。

当然，我并不是鼓励大家都能够像他们一样，选择别人没有走的路，过着颠沛流离的生活，拥有一个不一样的青春。但是你该明白，有些事现在不做，就永远不可能再拾起。趁着年轻，你还有足够的时间和精力，去完成一件事情，追逐一个梦想；即便不能取得满意的效果，但至少也没有白活，都是人生的一段阅历。

有的人叫嚣着生活平淡无味，但却又在百无聊赖中草草度日；有的人抱怨着理想与现实相差太远，却也在碌碌无为中放弃追逐。生命要浪费在美好的事物上，这件美好的事情，是自己内心的感受，不必与别人保持一致，也不需要经过任何人的默许，只要你自己感觉美好。

没有人能够挽留时间的狂流，你也不必再因错过而感觉遗憾。生命是你的，你完全有理由自己做主。美好的事情很多，可以从善待自己开始，对自己的善良，永远都不会浪费。

你可以勇敢地追求一份感情，大胆地说出你的爱。只有勇敢的追求才有实现的可能，只有自己努力争取得来的东西，才更加感觉美好，让人珍惜。不要主观地认定遥不可及，一切都不可能属于你，没准对方还会如你一样，早已按捺不住，等待着爱的出现，期待着与你牵手的那一天。

你可以坚持一份兴趣和爱好，即便要与梦想擦肩。兴趣是什么？兴趣是对事物的喜好和关切的情绪，可以使你集中精力，产生愉快紧张的情感。它的作用不可小觑，可以放大你的主观能动性，激发你的潜意识，对未来活动具有指导作用，对正在进行的活动产生推动作用，对活动的创造性也具有促进作用。总有许多看似不靠谱的梦想，从选择与坚持开始，实现得让人出乎意料。

你可以选择一段忘记自我的旅行，找一个晴天就出发。旅行的愿望在你心中由来已久，又总因琐碎的顾虑让你不敢上路。今天有今天的事情，明天还有明天的安排，给予不了自己善良，就永远迈不出遇见世界的脚步。

旅行所带给你的，远远超过你付诸的时间和物质成本；既然想要释放自己，就该摒弃顾虑，放下追求，忘记自我，从现实中暂时抽离，选择一个晴朗的日子就出发，并且无论在哪一条道路上，都能够遇到生命的庆典。

你可以走自己的路，过自己喜欢的生活。人生那么短暂，与其随波逐流在犹豫和重复中浪费，不如痛痛快快用来自己糟蹋。想走怎样的路，就按照既定已久的行程出发，即便迷失了方向，你永远都是自己最精确的"导航"；想过怎样的生活，就随心所欲给予自己最大的满足，别人的世界再怎样完美都不值得钦羡，你还有自己最恰当的定位和最精彩的人生。

人生最大的浪费，是虚度的光阴，是错误的执念，是不必要的犹豫，是机械性的反复，是盲目的停滞不前；是不敢接受既定的现状，是追求错误的东西，是用生命解决自己制造的麻烦。

生命要浪费在美好的事物上，无论什么时候都不嫌晚，无论怎样的浪费都不算多余。青春不就是过了一把瘾，然后就死了吗？

但又总有一些瞬间，能够温暖整个曾经。

不经历疼痛，哪有成功的蜕变

何必被微信 所束缚了整个世界

　　每天晚上躺在床上开始刷微信的时候，总是不由自主地进入很多提示未读的微信群里爬楼，如果看到有合适自己插嘴的话题，总忍不住发几句言，一来二去，最少要消耗一个多小时的时间，等聊完了返回去看，时光匆匆流过，刚说了半天也都是些没什么营养的内容。

　　很多人觉得微信杀死了大部分人下班后的时间，其实微信群才是最大的杀手。相比一对一的聊天和朋友圈的刷屏，微信群更容易让人产生迷幻般的存在感和成就感，聊得多了，仿佛自己在群里挥斥方遒一般，当然时间消耗也是最大的。特别有些群都是天南海北的陌生人，有时候激烈的打个嘴仗，其实也还根本不知道对方是谁呢！

　　参加一个微信群，特别是陌生人多的群，我们是想要从五湖四海背景的人身上得到的更多的是不同的资讯和观点，来扩充自己的见识与视野，但事实上能从微信群里得到的有价值的信息并不是很多。我们每个人都很烦手机里有很多群，但不舍得退群，最大的原因也是不担心错过重要的信息，但一个微信群真的能提供多少有用的客观的正确的资讯呢？很多群开始的时候都很活跃，大家都像炸了毛的狮子一样不停地讲话互相做自我介绍，但时间久了就变成小广告群，给娃投票群，拼单团购发外卖滴滴红包群，然后变成插科打诨互相吹捧群，再最后慢慢没有人说话了，而能通过线上的群里认识成为生活中的朋友，互相进步的概率也都是凤毛麟角。

事实上，我们担心自己错过的信息，到底都是些碎片化的信息。但一个人如果想要真正懂得一些知识，学习一些内容，必须通过课程或者书籍来进行完整的知识体系的建立，而不是你一句我一句且并非客观的碎片信息。有一天晚上手机没电了，于是看了一会儿书，突然觉得脑子里进入的内容含金量提高了很多很多。那种多日不读书，突然哪怕只读了一句金句的感觉让人感到兴奋又振奋，这是每天聊微信群完全没有过的感觉。一本书，尽管带有作者本人的色彩，但至少一本书有一个完整的结构，当你的脑子中输入一个完整架构的时候，你才能从中提取对自己有用的内容。而碎片化信息很难，虽然现在有很多软件，可以把平时看到的好信息好内容都收藏起来，但真的用起来的时候，自己大脑一片空白。

当然，并不是所有的微信群都这么没用还浪费时间，有很多功用性的群，比如英语学习群，每日读书群等。我们不仅能从这些群里得到干货信息，还能结交志同道合的朋友，有些还能发展成线下的好朋友。这种群可遇而不可求，倘若你的手机里有这样的群，最重要的不是退不退群，而是要不要积极参与。我自己有这样的经历，加入一个很牛的群，有时候还是收费群，进去的时候壮志满满，但时间久了，看都懒得看一眼，任凭其中有很多信息和有价值的内容。时间久了，自己什么都没得到，但心理上还舍不得退，又感到自己错过了很多难得的进步的机会，心里纠结得不得了。就算不参与发言互动，经常看看群里的信息也是非常重要的。一个活跃的群，仔细观察会发现，活跃的并不是所有人，而是就那么一小撮人，而自己想到得到什么，又该如何参与与互动，值得每个人好好思考。

任何事物都有两面性，我们要学会合理的使用微信群，使之为我们所用，而不是被微信群所利用。以前微博占据了我们大部分的时间，现在微信变成了时间杀手，未来还会有其他的平台侵入我们的生活。互联网时代，我们每个人都逃不掉，但我们能做的是合理的规划自己，安排时间。互联网的出现，是为了方便我们的生活，提高人与人之间的沟通效率以及资讯的传递，而非让我们成为网络的奴隶，天天泡在其中让自己成为越来越消沉和呆滞的人。

除了互联网，世界还很大，我们都要去看看。

寻常的普通人
也能过不寻常的人生

[有时候，花开无须太盛]

2014年，国庆长假接近尾声，公司的一位重要客户A总带着太太和孩子自驾旅行回程，路过我们所在的城市，临时打电话给我的女老板，他们不仅工作合作顺畅，私交也不错，于公于私，我的女BOSS都应热情款待，只是她的丈夫带着孩子去了外地。

为了接待对等而方便，她带上我，并且叮嘱我安排个"一日游"，我花了很大心思选饭店、景点、交通路线、手信礼品，并且提前了解相关典故，打算既做好导游，也当好秘书。

这一行宾主尽欢，晚餐气氛尤其好。

我安排了一个非常有地方特色的私房菜馆，每道菜都有典故，我提前预习了故事，讲得绘声绘色，A总特别高兴，指着自己的女儿，一个比我小三岁正在读大学的女孩，说：年龄差不多一样学中文，你比筱懿差了可不是一点点。

我赶紧打圆场自谦：哪里哪里，我在学校特别老实，就知道死读书，工作后遇上好领导，是她调教得好。

A总大悦，转脸对我BOSS说：你这手下不仅工作利索口才好，还贴心。

我BOSS微笑：她刚毕业1年多，还有很多需要锻炼的地方，讲错话大家

不经历疼痛，哪有成功的蜕变

别跟她计较。

A总说：句句在点子上，哪有什么错话。

A总酷爱苏东坡的诗词，我投其所好铆足了劲唱和，从豪情的"老夫聊发少年狂，左牵黄，右擎苍"，到轻俏的"墙里秋千墙外道，墙外行人，墙里佳人笑"，还有哲理的"若言琴上有琴声，放在匣中何不鸣？若言声在指头上，何不于君指上听"，饭桌气氛热闹得像个小戏台。

一天时间在说说笑笑中结束，我心里很得意，觉得圆满完成了任务。

第二天，BOSS带我到酒店送别A总一家。

我这才发现，她这两天穿的都是平跟鞋，个头看上去和穿了高跟鞋的A总太太持平；她衣着随意简朴，淡妆，除了婚戒没有任何首饰，和平时的"霸道总裁"风格完全不同。

她全程挽着A总太太，不时照顾A总女儿，临别不忘与她们拥抱，单独送上别致的手信。

和她相比，我隐约觉得我做得不妥，觉得哪儿出了问题。

回程路上，她沉默很久开口：

筱懿，你很优秀，但是，很多时候，花开无须太盛。

[真正的优秀，并不"刺眼"]

有一位男作家被邀请参加笔会，坐在他身边的是一位年轻的女作家。

她衣着简朴，话不多，态度谦虚，丝毫没有高谈阔论，男作家不知道她是谁，从她的反应觉得这肯定是个不入流的作者，不然为什么这么低调，瞬间，他有了居高临下的自豪感，开口问：

请问小姐，你是专业作者吗？

是的，先生。

那么，你有什么大作发表吗？能否让我拜读一两部？

我只是写写小说而已，谈不上什么大作。

男作家更加确信自己的判断，得意地接着说：

你也写小说？那我们是同行，我已经出版了339部小说，请问你出版了多少？

我只写了一个。

男作家有点瞧不上地问：哦，你只写了一部，那能告诉我这个小说叫什么名字吗？

女作家平静地说：这部小说叫《飘》。

高谈阔论的男作家马上闭了嘴。

女作家的名字叫玛格丽特·米切尔。

她一生的确只写了一部小说，就是全世界女人都知道的《飘》，这本书原名叫《明天是个新日子》，临出版时米切尔把书名改成《飘》，也就是"随风而逝"——这是英国诗人道森的长诗《辛拉娜》中的一句。

小说1936年上架，立即打破了美国出版界的多项纪录：日销售量最高时为5万册；前六个月发行了100万册，第一年卖出200万册。随后，这本书获得了1937年普利策奖和美国出版商协会奖。

《飘》问世的当年，好莱坞就以5万美元当时的天价把《飘》改编成电影，1939年上映，主演是电影皇帝克拉克盖博，和"上帝的杰作"费雯丽，仅仅在1970年末，小说已被翻译成27种文字，在全世界销量超过2000万册。

在已负盛名的时候，米切尔依旧对狂妄的男作家说"我只写过一部小说"，就像当年她接受采访时表示的：《飘》的文字欠美丽，思想欠伟大，我不过是位业余写作爱好者。

不经历疼痛，哪有成功的蜕变

　　她婉拒各种邀请，一直与丈夫过着深居简出的生活，直到1949年8月11日，和丈夫牵手出门看电影遭遇车祸，5天后逝世。

　　真正的优秀，并不是锋芒毕露，不留余地的"刺眼"。

[优秀是锋芒，卓越是内敛]

　　2014年，我的女老板告诉我：

　　你可能不知道，A总的太太是业内最出色的财务管理专家，虽然她看上去并不起眼；A总的女儿在最好的大学读中文，古体诗写得不比现代文差，毛笔字都可以拿去直接做字帖。

　　昨天，你太得意了。

　　美人的高境界是美而不自傲，可是，这样的女人很稀缺，很多稍微好看一点的女人，都会给自己打个分数，待价而沽。

　　优秀的高水平是好而不自大，可是，这样的女人很罕见，太多稍微突出一点的姑娘，都会自视甚高，觉得自己值得拥有全世界。

　　假如优秀是锋芒，光彩照人艳光四射。

　　那么卓越就是内敛，就像打通任督二脉内功深厚的高手，从来不嚷嚷着满世界找人比武。

　　你很难知道自己对面坐着的人真正的实力，却毫无保留地表露了自己不怎么样的全力，这样不好。

　　她顿了顿，接着说：

　　我不喜欢女孩或者女人充满心机，处处藏着掖着假装愚钝，我想说的是，越优秀的人，越有平常心，就像大道至简，出类拔萃到了一定高度，反而泯然众生。

没有那么多看不惯，没有那么多优越感，没有那么多嫌弃，没有那么多不随和，只有看上去和普通人差不多的"不起眼"。

可是，你怎么知道那些不起眼的女人，早已超越"优秀"，达到"卓越"的境界了呢？所以，她们才比"闪瞎眼"的女人过得更好啊。

我想起自己不禁夸之后的臭显摆，恨不得时光倒流，重新回到那张饭桌前做个安静的旁观者。

优秀是闪耀自己，卓越却是兼顾他人。

把人当成寻常人，就好相处。

把事当成寻常事，就好处理。

愿我们能够做个不寻常的"常人"。

学会主动，方能改变

不愿意主动联系别人，我原本以为这只是我的一个大毛病，可是最近发现很多人都有类似的困惑。有自己意识到这个问题的，更有被别人讽刺为"高冷"的。这个问题真的很严重吗？为什么包括我在内的大部分人会有这样的疑问呢？因为它已经影响到我们作为社会人存在的基本人际关系问题了。

个人性格问题，你是个自卑、容易失望的人。

比如我，我之所以不愿意与别人联系，很多时候是害怕自己的一腔热情被别人浇了冷水。其实别人也不是故意冷落我，可能是我太过于敏感。你想要与别人联系时，很多时候都是想要倾诉或者遇到麻烦需要帮忙时。记得有一次给朋友打电话，想要他帮忙查找一个资料，还没等我开口，他就说自己在忙，等一会儿再给我回过来。我能理解他真的很忙，可是我的小心脏就受伤了。

每一次出现这样的问题，我都会告诫自己有问题要自己解决，不要动不动给别人打电话添麻烦，自己的事情自己处理。久而久之，就再也没有给别人打电话的冲动了。害怕被拒绝，害怕等待，害怕自己的热情给别人造成压力。

作为女生，很多时候都需要别人陪伴，这是男生不可理解的女生之间独有的情谊，比如逛街、看电影、上卫生间、洗澡，假如你邀请了别人一次，别人不去，两次之后，你就不会再邀请别人。因为你不想让自己失望。你不想承担别人一次一次地拒绝给你带来的失望。不管别人有什么理由，这种失望的情绪是难免的。

联系别人对你的生活不会有任何改变。

高中有高中的朋友，大学有大学的朋友，工作时有工作时的同事，不管在上学时我们的关系有多好，但是毕业之后我们就各奔东西了，天南海北，生活不再有交集。趁着刚分开的余温，我们可以抱怨新生活中的烦恼，但抱怨毕竟只是抱怨，对实际问题的解决没有任何帮助，而且随着时间的推移，当你对工作麻木之后，你连抱怨的力气都没有了。

大学时的一位女同学，刚开始我很不适应她的交际原则。她可以上一秒在电话里跟你说得火热，下一秒就把你们的交谈内容忘到九霄云外。她为了陪同事，可以让你等她几个小时，很多时候你都怀疑她是你大学时最亲密的女同学吗？不过现在我可以理解她的这种思路了。

因为毕竟她每天要共度大部分时间的是她的同事，而不再是你了。她需要同事陪她做以前你们在一起做的事，而你只是"远亲不如近邻"了。为了你冷落了每天要面对的同事是一件得不偿失的事，因为你迟早还是要离开的，能够改变她生活的已经不是你了。好吧，她应该是最聪明的女子。

你找不到要与别人联系的理由。

很多时候，拿起电话却不知道该打给谁，通讯录里上百个联系人，却都勾不起你倾诉的欲望。最后想想还是算了吧，不如自己一个人去外面走走。

先前的我们远离家人，孤身一人来到陌生的校园，结识五湖四海的同学。我们是最亲密的小伙伴，我们吃在一起，住在一起，对每一个人的脾性、家庭、爱好了如指掌。我们之间没有隐私，没有秘密。可是突然有一天你的身边出现了另外一个人，我的身边也有了另外一个人。我们结婚生子，慢慢老去，各自拥有各自的生活，见面除了寒暄之外再也说不出其他的话语，有些生活琐事也只能自己消化，无法与外人道也。时间流逝，想要打一个电话还要找好一个理由，也许还没等你找好理由你就要再次开始为生活奔波了。

不经历疼痛，哪有成功的蜕变

你的工作实在太忙。

我知道一位忙到连恋爱都没法谈的女同学，她怎么会有时间给你打电话。她早上八点到单位，开始工作，中午吃单位盒饭，工作到下午，加班到九十点。下班后洗漱卸妆，打开电脑，看会儿新闻，浏览下网页、微信，已经快要十一点，挤出一点时间看会儿娱乐节目，让自己紧绷一天的神经放松一下。每次睡觉前，都感叹不行了不行了，明天早上要迟到了。

即使有一点空闲时间，她还想看点书，充实一下自己，友谊是需要维护的，但也要在自己把生活处理好的基础上，让她耽误睡觉或者充实自己的时间来听你与男朋友之间的鸡毛蒜皮小事，实在是没有必要的。因为年轻的我们每一天都有很多重要的事情需要做。

你就想做一个隐形人，只是活在自己的世界中。

你不需要让别人知道你的动向，你只想安静地过你自己的生活，你也不想了解别人的生活。彼此互不影响。

他们对你追求的"不切实际"的梦想不屑一顾，你对他们那种世俗意义上的稳定嗤之以鼻。你走你的路，他过他的桥。志不同，不相为谋。

即使你也是稳定、平安度日，你也不需要了解别人的生活来增添自己的烦恼，你对外界的人和事没有兴趣，只是追寻自己认为的美好。

你太懒，与其与别人联系，不如窝在被窝里看一部电影。

你懒得与别人沟通，懒得与别人交际，你觉得那些交际成本都是不值得的。你不仅懒于给别人打电话，你还懒于听别人那些陈谷子烂芝麻的事儿，同时你更懒于别人有求于你，你认为多一事不如少一事。

生活中除了吃、喝、睡，你觉得任何事都是多余的。

每个女孩儿都应该宠爱一下自己

怀孕早期，我的皮肤突然干到天天爆皮，头发也突然变成干性，天天炸着。炸成仙人掌之后，我终于克服懒惰去了我一直做美容护发的小店。相熟的老板一边做护理，一边说："皮肤都干成红薯皮了，头发都开叉了，怎么才来。女孩子怀了孕之后，要比平时更宠爱自己。妈妈漂亮心情好，孩子才会更好。"

我从小就不是一个会宠爱自己的人，有些自卑心，总觉得自己不配拥有最好的东西，即便自己做到了最好，也从来没有因此得到过什么奖赏，总觉得是应该的。加上最朴素的家庭教育总是强调心灵美有内涵才是最重要的，物质方面，特别是外在打扮都是浮云，也就更加不会想到，好好爱护自己的身体是非常重要的事。直到20多岁有一次上杂志拍片的时候，化妆师一边化妆一边跟我说："女孩子要好好护理自己的皮肤头发，你看你身上皮肤很干，发质也不是很好。一肤一发的状态，都能展现你的精气神，都是你这个人的一部分。"我抬胳膊摸了摸自己的皮肤，又看看自己镜子里的发型。恩，那时候，我根本就觉得身体乳是个鸡肋产品，也不知道头发怎么打理才是合适自己的。

开始想要对自己的身体好一点，也是从那个时候开始的吧。去做美容，去健身，去做spa，去护发。美容护发店的老板是个学佛之人，已经是两个孩子妈妈的她身材皮肤都特别养眼，她只租了我家楼下一家小小的房间开了一家有机产品的美容院，幽暗的环境，柔和的音乐，几盏盐灯散发出的橘黄色的光，不管你在外面多么忙碌烦躁，总能在这个瞬间全身心的安静下来，然后睡着……去的次数多了，也和老板相熟起来。女老板早年学的美容美发，之前在很多大型美容院任职，看到过很多不同的女客人，有宠爱自己的白富美，有满脸疲惫的女强人，也听了很多她们心里的故事，有职场争斗，有情爱之殇，更有很多乱七八糟的事儿。她创办了自己这家有机产品美容院，小小的，同一时间只能给两个人做护理，就是希望能给每一个想要好好放松的女孩儿一个真正爱自己的短暂时光。她跟我说：

"现在很多女孩子工作都特别拼命，赚钱很多，但却总觉得不该对自己好，好像把自己搞的越惨就显得越努力。其实宠爱自己并不是一种犯罪，单身的时候要宠爱，结婚了有了孩子就更要奢宠自己。女孩子20岁拼脸蛋，30岁以后就要拼是在保养，一个女孩子过得好不好，气色、性格、谈吐是首当其冲的表现。一个人连自己都爱不好，怎么会有能力爱别人和被别人爱。现在很多女孩子都想要当白富美，以为赚了钱穿名牌买买买就可以了，但实际上白富美们最大的特点就是特别爱自己，说奢享一点都不为过，把自己打扮和护理得特别精致妥帖。美并不在于穿着多贵多奢华，也不一定非要去美容院去美发店不停地捯饬自己，在家多花一点时间，从头发这种细节开始认真的护理，就是爱自己的最基础表现。现在各种护发产品，比如潘婷CLINICARE的染烫修护系列啊、丝源复活啦，都很不错，护肤产品更是多如牛毛。哎哟，你瞅瞅你的眉毛多久没修了，啧啧啧。"

距离那天的聊天已经过去好几个月了，我也怀孕还有两周就要生了。怀孕前，我很害怕，因为周围的很多妈妈在怀孕后很多变得爆肥，也开始不修边幅，天天张口闭口都是孩子，好不容易找到个辣妈，也总觉得那是女神体质自己企及不来。那次和女老板的谈话，让我开始重新看待自己，开始思考如何宠爱自己，珍视自己的身体。虽然孕期有很多禁忌，不能猛烈地捯饬自己，但基础的面膜、身体乳、防妊娠纹油、头发定期护理，健康饮食一个都不能少。随着月份的增加，看着自己真的没有变成想的那么恐怖，气色越来越好，并没有胖成一只球，身体和脸上的皮肤越来越光滑，现在依然能健步如飞，自己都有很多得意和开心。很多人问我："别人怀了男孩都会变丑，你怎么越来越漂亮了？"其中的秘密，只有自己知道。

我开始明白，宠爱自己并不是一种奢侈，更不是一种罪恶和浪费，这是一种内心的需求。学会爱自己，才有能力好好爱别人与被别人爱。努力并不是熬夜加班通宵达旦越惨越好，在奋力打拼的每一个夜晚，每一个女孩儿都应该宠爱一下辛苦一天的自己，从好好爱自己的身体和心灵开始，是一件特别美好的事情。

朋友之间，请多一份付出，少一份计较

[1]

前几天，在朋友圈一个朋友那儿买了一件T恤，他时常吆喝，我只是想照顾一下生意。

我挑了颜色，告知了尺码，半开玩笑地问了一句，质量应该不算太差吧？

朋友说，绝对放心。

用微信红包付了钱，几天后收到了包裹。拆开后，很轻薄，没有图片上看着有质感，印制的图案也显得粗糙，衣服带着一种小工厂流水线出来的气味，穿在身上，款式偏小，因为薄，竟有些半透明的露点。

说实话，很失望，这样的质地也就五六十块钱的地摊货，而我花了200块，钱虽然不多，但物非所值，感觉被坑了。

还有一个朋友在朋友圈卖鞋，另一个朋友买了一双，有一天我问他质量怎样，他说，价格不便宜，但不好穿，很上汗。

他说自己再也不想在朋友圈买东西了。

[2]

朋友圈的生意越来越多，各式护肤品，保健品，衣物等，有时候刷朋友圈像是在逛街。

做生意很正常，但是朋友，你对自己卖的东西真正了解吗？你有没有亲自试过？如果只是找了一个代理商，复制粘贴广告就往朋友圈发，是不是有点不负责任？

朋友圈是朋友，是熟人，你的生意是朝着他们做的，人家哪里不可以买？但照顾生意是出于情意，友谊的小船本来就很小了，劣质产品犹如惊涛骇浪，哪里经得起折腾？

初为人母，晒晒孩子很正常，但是孩子哭孩子笑，孩子吃饭孩子睡觉，孩子吃喝拉撒，时时刻刻都要晒。

各个角度自拍，晒自己买了什么，去了哪里，老公有多爱自己，老婆有多贤惠，存在感爆缺，恨不得所有人都为他点赞。

可是朋友圈就那么大点空间，你有没有考虑过别人的感受？

还有一种，基本上没有交流，一有事儿就私信你，麻烦你到我朋友圈第一条给我点赞，麻烦你给我转发某一条微信，麻烦你给我投票。好吧，有事儿的时候想到自己了，你点开他的微信，别人不知何时已把你屏蔽了。

所以啊，朋友圈真是一个最考验友谊的地方，其实为你一起P个图，大家相互点个赞，卖点好产品并不难，难的是：多顾及别人的感受，换个角度想问题。

[3]

和朋友相聚，喝酒吃饭都需要买单，但是请尽量均衡，别老让一个人买。俗话说"吃人三餐，还人一席"，礼尚往来这是为人处世的基本。

如果总是盘算着多占点便宜，一次两次别人不介意，但时间长了，谁心里都明白。

占便宜的方式有千万种，但没有一种经得起友谊的考验。

借钱是个敏感的事，开口前请做好被拒绝的准备，拒绝了不代表别人不把你当朋友，各自都有难处，正如你也会遇到难处。

作为朋友，最好通过贷款等途径解决，谨慎开口。作为朋友，在力所能及的前提下，也请尽量伸出援助之手。

我相信，任何一个有良知的人，都会记得这种恩情。

当然也有借钱不还的混蛋，一个朋友刚毕业的时候每月2000块的工资，省吃俭用地存了一万块，一个同事开口借8000块钱，并信誓旦旦地承诺到期一定还，朋友借给了她。

到了还款时间，同事说，这段时间有点困难，希望再缓一缓，又过了一段时间，同事依然是这番话，后来那同事辞职了，换了电话，联系不上，从此杳无音讯，不了了之。

朋友后悔借给了她，后悔没有写一个欠条。但是吃了亏，看清了一个人，也有了经验，她发誓以后不再随便借钱。

其实借条是个好东西，白纸黑字，有理有据，情意值千金，但一纸契约并不会让它贬值。

朋友之间总是有聊不完的话题。但是，有些话应当着面说，朋友不对的，当面指出，或是委婉，或是直接，而切忌在其他人面前说朋友的不是。

因为不好的话总会传到别人耳朵里。真正的朋友都希望彼此好，而不是希望彼此糟。

毕业后，大家的职业不同，机遇不同，能力也不同，有的或许还在为生计奔波，有的或许富裕殷实。

但是，请少炫耀自己取得的成就，少用世俗的眼光看待你的穷朋友。请回到以前你们说话的口吻，像你们当初一穷二白一样的纯净。

有个成语叫"亲密无间"，形容关系紧密，没有隔阂。但我不认为这是很好的相处之道。

周国平说，人和人之间应该精神独立，人格自由。

朋友也应该如此，每个人应该有自己的思考，有独自面对生活的职责，距离让我们舒适而自在，见时我们欣喜，不见时我们想念。

[4]

朋友间相互的情意便是友谊，友谊的真诚和厚重，取决于一个好的朋友。

要想交到一个好朋友，首先得让自己成为一个好朋友。相处之道如一个天平，而我们的情意都应该放得均衡。

有句话说：真正的友谊，是一株成长缓慢的植物。

关于友谊，我们应当真诚而明净，多一些付出，少一些计较，细心去浇水施肥，耐心去等待开花结果。

我们生而孤独，这漫漫人生如同奔流的长河，遇见的每一个你，都是前世的缘分。

友谊的小船不应该翻，友谊的小船应该长风破浪会有时，应该直挂云帆济沧海。

$$\left[\begin{array}{c}\text{别忘了为你的}\\\text{友谊充充电}\end{array}\right]$$

［1］

　　和丹丹煲电话，奇怪她这次不提好友小晴，她淡淡地说现在很少主动联系，来往不多，原因："我不愿热脸贴她的冷屁股。""这些年来永远是我主动找她，我累了。"

　　这桥段多像苦追男神多年不果，年华渐老幡然醒悟的怨妇宣言。

　　小晴我没见过却一点不陌生，每次聊天丹丹都会提起她：小晴可漂亮了，小晴歌唱得好极了，小晴结婚了，小晴生子了……

　　她俩是同岁的发小，大学毕业后曾一起北漂，有那么几年两人可以说在外相依为命，互为依靠。睡过一床被，合穿一件衣，同吃共住，革命友谊相当深厚，后来小晴回老家发展，丹丹去了广东，两人就此各居一方。

　　丹丹说起分开后的这些年，一直是她主动联络小晴，小晴从不找她，即使她有时回到老家，兴冲冲地想找小晴玩，小晴不是工作忙，就是要出差，每次见面都是淡淡的，丹丹才发现自己只是甘蔗一头甜。

　　听她吐完槽，仔细想想：有谁错了吗？好像谁也没错。

　　真性情的丹丹心里委屈，身处异乡不忘把小晴放在心上，可小晴生活在老家，周围都是亲人朋友，有更大的人际圈要维系，丹丹排不上号也很合理，不同的期待感，让两人对友谊的情感需求无法等量。

一个是我那么想你，一个是我没空理你。

时间和距离再强也强不过"渐渐"，渐渐可以摧毁一切，包括友谊。

[2]

谁一生都会有一两个老友，最熟悉的开场白是："这是我朋友XXX，我俩是从小光屁股一起长大的……"

好时如胶似漆，形影不离，吵起来时可以直戳对方痛点，打击程度分分钟能让对方当场吐血，他的短板、他的喜恶、他上次失恋的时间、身上的胎记，透明得没有任何秘密。

反之他对你也知根知底，参与过你的幸福，见证过你的辉煌，看过你的衰样，帮你包扎过的伤疤，优点缺点事无巨细，犹如一个人肉档案袋，更好比地球上活着的另一个你。

看到这里，你一定在频频点头，我有！我有！我也有！

当然得有，如果没有，你得赶紧先哭会儿才能接着往下看。

会耗完友谊的电池不只是时间和距离，圈子的不同，后来会变成不能相融，最后变成不必强融。

好比一开始大家都在一条道上并步走着，但到了岔路口就不得不分道扬镳。

[3]

毕业十年后的同学会上，从前学习最差最调皮的李飞扬成了班上最成功的同学，至少在Money上是，开豪车，住豪宅，成功后的飞扬同学诚挚有如当年，没有因发达忘记同窗情谊，每次吃饭都帅气抢单，对每个人关怀有加，热情周到，这样苟富贵不相忘又可爱的老同学想必很多人都想要来上一打。

飞扬的大方让他涨粉不断，大家都嚷嚷着土豪我们做朋友吧，开始常聚在一起胡吃海喝，追忆青葱岁月，喝醉动情时哭得一把鼻涕一把泪，晚上在三环路上开着车唱着吼着，仿佛都回到了纯真的年少时光。

偶尔拖家带口的组团旅游，飞扬非五星级不住，非大餐厅不食，大家也都配合迁就，老婆孩子想去尝点特色小吃这种没格调的爱好都果断放弃。

再结伴去了趟香港，飞扬只逛名店，豪气地将买买买进行到底，吃饭时一如往日热情："别抢，今天全部算我的，你们那点工资省着点花。"大伙从起哄到感谢再到习惯，慢慢的就没那么开心了，再到后来难免会起比较之心，看看飞扬的生活再低头看看自己，自己的老婆看看飞扬的老婆再把头转向自己，一起开始怀疑人生的价值和意义，原本感觉挺满足挺幸福的生活似乎就变了味道……

飞扬同学热情如初，但下次再组织的新马泰邀约就再无人响应了……

热情好客、大方分享的飞扬同学猜中了开头，万万没猜到结尾，重逢的喜悦还没有褪去，但物质的差距就轻易地把情谊给拉断了。

[4]

手机充电五分钟，可以通话两小时。

友谊却是充电十几年，放电只要几分钟。

年末，丽君接到楚儿微信，她带了女儿来羊城旅游，希望抽空聚聚。丽君欣喜之余暗叫不妙，翻开工作手册，各级总结会议，年末培训、各部门聚餐、年度计划、专案检讨分析、年会筹备……每一场都不能缺席，没打过工的人根本不明白资本家的年关意味着什么，距离放春假的前二十天人人都在连轴转，套用一句广告词叫：根本停不下来。用本地俗语形容就是：得闲死，不得闲病。

楚儿在老家是公务员，难得出趟远门，多年不见好友兴致勃勃来探望，原是美事一桩，丽君也想力尽地主之谊，为了如何接待左右为难，羊城距她的公司还有一百多公里，她想买广州最高级的自助餐厅电子招待券，让楚儿娘俩自己去吃餐美食，以补自己不能赴约的歉意。又担心这样做失礼。

她自己脑补一下剧情：

楚儿："姐来这是想看你的，你挺能摆谱哈，人不来给饭票，你姐是缺饭吃的人么？"把餐券撕个粉碎，领着孩子拂袖而去。

她自己，倒地伸手对着楚儿离去的方向，大喊："姐，我冤枉啊……"

想到这，她赶紧摇摇头，太可怕了。矛盾之余，最终为了端稳饭碗，选择为五斗米折腰，同时告诫自己要真诚地说实话求得谅解，弱弱地把日程发给楚儿说明情况，在此省去她检讨的若干字。

这次的开头和结尾很容易猜——楚儿扫兴归家，丽君冤死活该。

后来？然后就没有后来啦。

误会型冷落也是耗尽友谊电池的杀手啊。

[5]

人生就像一趟列车，期间会不停有人上上落落，每一次离别都会伤感，能重逢就是最幸运的事情，请原谅我总把最好的栗子留给自己。

老同学晓桦是个阳光灵气、善解人意的女生，我最喜欢她笑起来的样子就像脸上开了一朵花，那个舒展真是让人都会不自觉地跟着欢喜起来。

不经历疼痛，哪有成功的蜕变

我和她特别有默契，只字片语脑电波立刻就能对接。读书时我俩用老师的话说就是穿一条裤子，但这并没影响我们毕业后各分东西。

有好些年头失去联系，各自忙碌于一地鸡毛的生活，大家都成家几年后，好容易从鸡零狗碎的俗事里开始可以抬头喘口气，才回过头去联系上了，打通电话的那一刹那，才说了几句，我俩就在电话两边哈哈大笑起来，分别经年，仍像昨天还在一起那样的熟悉和舒服，那感觉好像友谊经过时间的陈酿，喝起来更沁人心脾，让人觉得好珍惜，只舍得小口小口泯，不敢大口大口喝，因为味道实在是好极了。

烦闷时，大家叨一叨，泄气时，互相鼓鼓劲。

挺好。

友谊需要时常联络，有时也要经得起冷落。

[6]

有人说婚姻里可以撑腰的只有爱情，我想说能维系友谊的只有牵挂。

感情的投入就好比各自在建一幢房，你建一层我建一层，如果光是一边在建，时日一久，一边是高楼大厦，一边的窝棚矮居，高低立见，矮的就难逃被强拆的命运。

友谊不是打不枯的水井，它也需要蓄水休整；有人愿意永远待机是幸运，但长期信号不好，迟早只能更换运营商。

友谊这条不能随便翻的小船，要时刻保养检修，不能等到想重新启航时，才发现电池早已耗完……

网上偶得一段子：

四个老头打麻将，一圈后一人去厕所，那人上完厕所以后把打麻将的事给忘了，直接回家了……另外三人久等，见其未归决定寻找，但谁也想不起来刚才和他们在一起打麻将的是谁了……

岁月无情，趁还记得起彼此，趁一切都还来得及。别忘了，要为你的友谊充充电。

5

不惧生命中
的各种挑战

活着就是一件麻烦的事，

只有不怕麻烦的人，

最终才能战胜生活的琐碎，

成为它的主人。

你心有不甘，却又不肯努力

你第一眼看上的衣服往往买不起，你第一眼就心动的人往往不会喜欢你。你真正喜欢想要的，没有一样是可以轻易得到的。因为你是个姑娘，所以才要努力。

[1]

几天前出差，短短三天的时间在两个城市之间来回飞了好几次。一上飞机，我疲惫地倚靠在座椅上，半睡半醒中，隐约听到耳边传来断断续续的抽泣声。我偏了偏头，慵懒地瞥了一眼旁边靠窗位置的这个陌生的姑娘。

她通红的眼眶，手里紧紧握着手机，就像恨不得要捏碎一样。我这个人平生最见不得的就是眼泪，看得我心头一紧，从包里掏出一包纸巾，给她递了过去。她的抽泣声戛然而止，抬头看了我一眼，哽咽地说了句谢谢。

我想她一定是遇到了很伤心很难过的事，不然她这个年纪本应该清透的令人心碎的眼眸怎么会满满的都是绝望。毕竟不熟，她没有开口，我也不好问，就佯装假寐靠在后面。

她擦了擦眼泪，低着头很小声地说，"姐姐，不好意思，刚才打扰你了。我今天就要离开这个生活了五年的城市了，也许再也不会回来了。"

"没事，看得出你很不舍吧！"我微笑着礼貌性地回答她。

"不舍又能怎样，都这么久了在这个城市连个落脚处都没有，我妈在老家托关系给我找了份工作，一直催我回去。刚刚上飞机前，我妈又给我打电话了，所以我有点难过。"她说这些时始终都没抬头，我看不到她脸上的表情，却突然很心疼她。

"你是不甘心吧？"我会意一笑问她。

她突然惊讶地抬头看了我一眼，苦笑了一声，又低下头去。那一瞬间，她干净而坚定的眼神像极了十年前的我。

傻姑娘，不甘心说明你还有梦啊！

[2]

一路上我浑身无力却再无睡意，我们没有再聊下去。临近到达时，我对那个姑娘说，"你笑的时候其实很好看，别皱眉，别难过，想做什么就大胆去做吧。"

我们也只是人海中的一粒尘土，至此相遇，擦身而过，从此不见。但是，如果能给予她一些力量也是好的，如果不能，就权当庆幸自己当初没有选择安逸吧。

[3]

晚上回去，想起白天飞机上遇到的那个姑娘，我突然想给我妈打个电话。

"妈，你干什么呢？我给你买的那个按摩器你收到了没？"

"收到了，哎呀，以后没事别乱花钱，妈身体好着呢，你好好工作，没什么事别老往家打电话。"

"嗯，知道了，妈，那个……我想……我想和你说……"

"是不是工作上遇到什么困难了，没事，累了就休息，再不行就回家来，我和你爸还能养得起你，你爸也挺想你的。你别那么拼。"

"妈，谢谢你。"说完我赶紧挂了电话，我怕下一秒我就哽咽了。

当年，我和我爸大吵一架后提着行李箱一个人来到这个陌生的城市。后来发现行李箱里多出来的几千块钱，我就知道是我妈放的。当时里面有张小纸条，现在我还留着，"一个人好好照顾自己，累了就回家。别怪你爸，你爸也是为你好。不管你做什么选择，妈都希望你过得好。"

我依然记得，当时我手里捧着几块钱的包子，看着这几行字，哭得泣不成声。

[4]

前几天，陈曦给我打来电话，激动地说她的公司上市了，约我出来吃个饭庆祝一下。我说好。

陈曦是我认识了好多年的朋友了。这几年大大小小经历了那么多事，最让我佩服的是她脸上永远不变的淡然处之的笑容。

服务员端上菜后，她顿了顿，"今天他来找我了，要和我复婚，我没同意。"

她口中的他是她的前夫，当年班里所有人一心都奔着考大学的方向去时，唯独她放弃了高考的机会，嫁人了。当我知道这个消息时，跑着去找她，她正收拾着书本，她哭着对我说，"人生很多事都不是能自己决定的，不是你想做什么就能做的。这些书本，还有笔也许你留着还有用，都送你了，你好好学习，替我完成没完成的梦。"

陈曦出身于农民家庭，她最大的梦想是做一名设计师，她常常自己学习画很多图纸，可她父母只希望她能嫁个好人家，获得一笔不小的彩礼钱就够了。在他们眼里，一个姑娘最大的价值就是那笔彩礼钱。

"不，你的梦只能你自己实现，陈曦，你忘了我们说好了，不管什么时候都不要对生活妥协。"我拍着她的肩膀，说的振振有声。哪知道，那时太年轻，谁都不能对谁的生活感同身受。

她叹了口气，背着书包走了。我至今记得那个绝望却不甘心，还在挣扎，希望光亮的背影。

我如愿考入了一所看起来不错的大学，她过着相夫教子的生活。我们生活从此再也没有相交的机会，像两条平行线越隔越远。

我选专业的那天，我给她打了个电话。"陈曦，我爸让我学师范，可我不喜欢，我不想当老师，不想像他那样，过那种稳定的一眼望到头的生活。"

可我无心的一句话，没想到会伤害到她。她在电话那头叹息沉默不语，气氛尴尬的我突然意识到什么，"对不起对不起，陈曦，我不是那个意思。我……"我突然支支吾吾不知该怎么解释。

"你不用解释了，我也再不想过一眼望到头的生活了，他每天不上进，一喝醉就打我。做自己喜欢做的事吧！我们说好了不能妥协。"她那边坚定的语气，让我突然有了力量。

我毅然决然地没有选择父母给我挑选好，看似前程似锦的专业。就像没有接受毕业后，家里托关系安排好，看似稳定的工作。

他们常说，一个姑娘，稳定点，平凡点就好。可是平凡稳定在某种程度上也意味着平庸。尤其是在生活的泥沼里，连挣扎的欲望都没有，走别人给你安排好的路，过别人给你预设好的生活。甘于接受别人给予你的安稳，你享受得心安理得，还安慰自己平凡可贵。这样的人生，想想都可怕。

[5]

再见到陈曦时，那么多年了，她还是那么自信。庆幸的是当年她做出了自己的选择，没有在那谭看似安逸的死水里沉溺下去。

"陈曦，你能有今天，我真的特别高兴。"我听她说完公司上市种种好消息时，激动地说。

"不不不，其实，我能有今天，应该感谢你，当时你给我打电话时，你说你不想过一眼望到头的生活时，我如梦初醒。我也没想到我还能有机会去参加自考，这辈子我还能上大学，还能看到别人穿上自己设计的衣服。"她眼里满满的都是泪水。

我知道她这几年过得不好，肯定特心酸。最艰难的日子里，她熬过来了，她应该配得上拥有更好的生活了。

一段没有爱情的婚姻，她懂得了及时截止。一个不懂得上进还不珍惜她的男人，她懂得了适时放手。一种阴暗的看不到任何光芒的生活，她懂得了浮上岸呼吸寻找希望。别人说，她是幸运的。可我觉得，她的勇气配得上这份幸运。

我们没有谁天生俱来就有能够对抗生活的本领，那些挣扎，那些拼命，那些迷茫后仍不愿放弃，都是因为不甘心。不能因为我是个姑娘，我就应该软弱，就应该依靠别人，就应该妥协，就应该理所应当的安逸，过一成不变的生活。

我是个姑娘，我也有翻身的勇气和能力，就算做不了女王，我也想象个战士一样活得无所畏惧。

[6]

这些年，一路上遇到很多人，他们常常问我，"你只是个姑娘，就算你上再好的大学，学再多的知识，有再好的工作，挣再多的钱，活得再精致，最终你也要嫁人的，为什么那么拼？"

以前，我也会突然语塞，感觉一两句话解释不完全，说多了又感觉自己好像有点作。后来，再面对这样的问题，我也不会尴尬的焦头烂额了。怎么解释不重要，重要的是，我活得就是比你好。

我也只会说一句，"我这么拼就是为了有资格让你提出这样的问题。"

你能这样问我，其实从心底里你就是羡慕我上好大学，读很多书，有好工作，挣好多钱。你承认了我这么拼就是值得的。然而遗憾的是，你看到的只是我能上好大学，读好多书，有好工作，挣好多钱。你不知道的是，我这么努力地从生活的底层浮上来，就是为了去遇到和我一样努力的人，一样懂得去挣扎的人。

寻找同类和寻找光芒一样重要，他们都能让你成为更好的人，并走得从容坚定。因为周边都是温暖和力量，所以你不会感到阴暗潮湿，你不会怀疑自己的选择，你也不会因为自己是个姑娘就否定自己的价值，反而庆幸自己是个姑娘，却活得这么生动鲜活。

我在后台曾看到有人给我私信留言，她是这样说的：

你是什么样的人就会遇到什么样的人。前几天问正在追剧舍友说你的目标是什么，她一脸鄙视地看着我说："以后再说，说得好像你多伟大似的，来来来看韩剧多好。"她们整天沉浸在看剧追剧看帅哥吃美食的道路上。我感到无奈真的是圈子不同。现在大二的我对未来很迷茫我不知道为什么我的舍友吧

不经历疼痛，哪有成功的蜕变

234

日子过得那么理所当然我不想平庸，从大一开始就一直一个人，找不到志同道合的人我宁愿一个人我坚信成功的人都是孤独的我不愿像他们一样"加油"？

我看完热泪盈眶，似乎透过这几个字我能看到她脸上倔强的表情。

"找不到志同道合的人，所以我宁愿一个人。"可多少人宁愿随波逐流也不愿独自前行，这种敢于突破的不肯趋同折射了她骨子里一种很奢侈的勇。她的不甘心都会积攒成各种各样的光，反射到未来，给迷茫的自己一条绝处逢生的路。

我辗转反侧就回复了两个字，"加油！"对于这样本身就带有不可抗拒的力量的人他们不需要别人伸手去援救，他们自己就可以凭借那股不服输的力量浮上岸。所以，你只需要相信她。信任也是一种无形力量。

[7]

我记得上大学那会，自己常常一个人吃饭，一个人去图书馆，一个人逛街，一个人看电影，一个人去想去的地方，做想做的事。

有人不理解，你为什么一个人去做那么多事情却似乎把日子过得像诗一样，丝毫看不出孤独的感觉。

很简单啊，我本身就不孤独。一个人确实会孤独，但那种孤独不是空虚不是寂寞，是满足的孤独。你不需要取悦别人，讨好别人，不会因为别人的决定改变自己的计划，不会因为别人的平庸的生活而怀疑自己。回头想想，想去做什么时就能去做，那种生活，才是我向往的自由。又何必非要因为一个人就要禁锢自己，谁说电影非得两个人看，谁规定我们必须要活得一样，要逃课，要追剧，只懂得眼前的苟且才算是大学，才应该是青春的模样。

在一群只知道眼前苟且的人中，虽有迷茫，却仍能看得到未来的诗和远方，才是青春本该有的样子。

在身边的人都认为因为我是个姑娘，所以只需要安逸的度过时，你能疑惑，心有不甘，想要挣扎，想活得不一样时，光已经照在了你身上。

不免周围会有嘈杂，会有诱惑，会有嘲笑，所以你更应该努力透过这层声音，去寻找和你一样穿山越岭的人。

[8]

做自己喜欢的事，坚持自己当初的选择，我们谁都不想过一个虚伪的人生。别因为自己是个姑娘，所以理所应当地选择安逸的生活。因为你是个姑娘，所以你要读很多书，上更好的大学，认识更多优秀的人，有资格选择自己喜欢的工作，有能力不辜负父母的期望，你能经济独立，能随手买下自己喜欢的衣服，能让你成为父母与别人夸赞时口中的骄傲，能自信地去追求喜欢的人，能不为生活所迫，能独当一面。

因为你是个姑娘，所以别随随便便把自己的青春浪费得面目全非，性别不是妥协生活的理由，何况你并不软弱。因为你是个姑娘，所以你的努力配得上更好的生活。

战胜生活的琐碎，并成为它的主人

[你看到在朋友圈晒照的，看不到熬夜做攻略的]

柚子去过很多国家，墨西哥自驾、芬兰住冰屋、巴厘岛潜水……她像一本活的旅行指南，跟她在一起很长见识。

很多姑娘都想做有见识的人，不可否认，旅行是特别好的增长见识的机会。然而去同一个地方，跟团游所获得的知识与见识，与像柚子这样精研攻略，自己规划旅游线路，连只有当地人知道的老灯塔，都能被她从谷歌地图上找出来，是完全不一样的。

跟团游，我们只是带上放松的心情，往往根本记不住玩了什么。而柚子，是从决定了去哪儿的那一刻起，就开始一场漫长的学习与探索。她的每一次旅行，都是密集的技能短训班。通常提前半年确定旅行线路，着手准备。订最便宜的机票，最有特色的民宿酒店，了解目的地的风土人情，考虑如何最大限度地利用目的地的资源，丰富自己的人生体验。比如去法国参加一个糕点短训班，去巴厘岛考潜水证，去日本学园艺。

有一次我去找柚子，她正在抢半年后的特价机票、预约米其林三星餐厅。通过各种软件进行比对，像搞科研一样。我不禁感叹，你可真不怕麻烦啊。她说，当然了，怕麻烦什么事儿都干不好。

[工作狂与生活狂有同样的内涵]

我身边有另外的朋友，逃离北上广，去云南追求品质生活。我问她是不是没事儿就发呆，她说我每天都很忙。

她租的房子就是普通民居，天空很蓝，但房子很破。每天她都琢磨怎样让房子看上去更像她自己的。光是一扇木门，她就涂了五遍油漆，最后终于达到自己想要的颜色。这还不够。她找来木器、漆器工艺书，对照着，拿细砂纸慢慢打磨，硬是把一扇涂完油漆不到半年的门，做旧成了历经几十年风雨的样子，特别有味道。

她还在房前屋后种了香草，自己做纯露、手工皂，承包了一片差点被荒废的苹果园，希望等香草漫山、苹果成熟的时候，就能站着把钱赚了。

我去小住，发现她已经完全变了一个人，皮肤黑身材好精神爽。她以前是个工作狂，现在变成了生活狂。

"来云南，本来是想过悠闲的生活。不过，跟悠闲相比，我更喜欢现在的状态，自愿学习、愉悦身心、日有所得。"她说。

[好的生活，从来不能怕麻烦]

今年我自己也规划了一个旅游线路。说实话，很多次都想放弃，因为实在太麻烦了。但柚子一直鼓励我，她说，我能做到的事，你一定也能。

跌跌撞撞地一路逼自己走过来，回头去看，发现不知不觉已经在一个之前完全不熟悉的领域成了半个专家。

台湾演员张震，拍《赤壁》熟读三国，拍《深海寻人》考了潜水执照，拍完《一代宗师》，拿了全国武术八级拳的一等奖。我相信他做这些，不仅仅是为了演好角色，而是他对于自己的规划，就是不断开拓知识边界，增长见识。他所理解的品质生活，也一定不是待在家里喝杯速溶咖啡，而是即使待在家里喝咖啡，也要了解咖啡豆的产地，不同品种咖啡的口感区别，不同水温、萃取方式，对于咖啡的影响。

品质生活是建立在知识的拓展、复杂的学习基础上，而不是靠钱堆出来的。

同样是带孩子去高级餐厅吃饭，有人跟孩子强调的是这份烤牛排比一般馆子贵10倍，这个果汁比依云水还贵。孩子能明白的品质生活，就是花钱。

另外一些家长却事先做足功课。不提价格，而是告诉孩子，这个酒店的装修配色，高级在哪里；有哪些具有高科技含量的装饰与服务；哪一片海域出产的生蚝可以做刺身；什么纬度的水果最甜。这样一顿饭吃下来，孩子所理解的品质生活，与审美、知识积累、努力、敏锐的感知有关。

[见识是被勤奋养大的]

我们说到高品质的生活、有见识的姑娘，很容易只看到结果。

一个人，有出众的红酒知识、园艺知识，懂茶道、香道，很会玩，知道自己要什么，于是我们说，哇，这个人活得好有品质，我想过他那样的生活。可是，无论你有多少钱，这样的生活都不是摆在你面前，拿来即可的，而是靠积极拓展知识边界得来。

我所见到的有见识的人，没有一个是怕麻烦的人。生活品质很高的人，也没有一个是懒人。无论增长见识，还是追求生活品质，都需要花费精力与气力，拼的是谁钻研得更深。那些怕麻烦的人，其实他们所能享受的只能是自己的懒散。

工作做不好的人，当了全职太太照样不合格；连玩都不会的人，工作其实也很难做好。

那些能把一辈子过成几辈子的人，没有一个真正的懒人。

是不断探索的激情，造就了有见识的人、高品质的生活。世界上所有你看着很好的东西，背后都藏着用心与热爱。

好的生活，从来不能怕麻烦。活着就是一件麻烦的事，只有不怕麻烦的人，最终才能战胜生活的琐碎，成为它的主人。

不经历疼痛，哪有成功的蜕变

顶着难度去上，反而会柳暗花明

只要我想偷懒，躺在床上睡懒觉，或者打开游戏的界面时，我都会认真问自己，你现在做的事，对你而言是不是很简单？是不是很低级？因为简单和低级，所以大家都会轻易和乐意去做。但你想要变得更优秀，难道是只要动动手指这样简单而低级的行为，就能完成吗？

那既然享受和安乐无法让你变得更加优秀，为何不做点对自己而言，比较困难和高级的事情呢？有人会不解，什么才算是对自己有些难度和高级的事情？很简单。你静下心来考虑，什么对你来说是现在还无法企及、是对你而言相对难熬，而不情愿花费时间去做的。

比如，你英语不是很好，那么，努力学习英语，对你而言就是相对有些难熬的事情；你对自己的身材不满意，那么花费一定的时间和精力去健身减肥，就很高级；你不善于和别人交往，走出宅在家里的习惯，对你而言就是一个挑战……尽管这对你而言，有些困难。而如果宅在家里，刷泡沫剧或者玩游戏，这个会毫不费力，会让你感觉更舒适自在。因为这些都没有技术含量，所以做起来轻而易举，你乐此不疲地一遍遍机械重复，最终在原地停留踏步。最后你成为的那个人，还是那个你讨厌的模样。

我们现在还不够优秀，缺点满身，并不可怕，可怕的是你明知道自己的缺点和不足，不是想办法去解决和克服，而是安于现状，原地踏步。

你羡慕青春偶像剧里的爱情，但那爱情不属于你。偶尔消遣后，就应该从中走出来，去更广阔的空间看看。可以入戏，但不要忘了回头。不去现实中看看，不去勇敢地迈出爱情的第一步，也只能是羡慕别人爱情的份。当然，对你而言，费尽心思地去追一个喜欢的人，可能遭到拒绝，可能情感失利，它远没有满身轻松地躺在被窝里，拿起手机，上网刷剧来的简单愉快。但美好的东西，因为珍贵，所以总不是触手可得，需要拼尽全力地去获得。可能过程有点难，可能结果没有你想象中的那般好，但你一定会比原地不前的那个自己，要过得丰富和优秀。

生活本身，就是一个不断升级打怪的过程，你不打倒他，可能就会被淘汰，因为现实就是这么残酷。同样，如果你也走上了打怪的道路，但你只想虐虐毫无技术含量的小兵，对大Boss望而却步，见到他就喊，这么厉害，我解决不了，谁爱打谁打去。于是你转身离开，继续打毫无技术含量的小兵，并且对此乐此不疲。而你身边的人，拼命地克服一道道难关，获得更多的生命值和经验。

多年以后，两人见面，你可能心里暗自惊讶，他现在这么厉害，而我为什么还这么低级！没有什么不公平，相同的时间，你把时间用在了停步不前，别人把时间花在了克服挑战上而已。而去做一件对你而言相对困难的事情，当你去解决它的时候，你不仅会收获更大的进步和成长，还会感到更加强烈的幸福感和满足感。因为你做的这件事情，是比你想象的要高级一些的东西，是你花费了时间和精力用心维持的东西，是让你废寝忘食的东西，所以你最后拿到手的，一定是自己最想要的。

没有人想一直差，但也没有人心甘情愿地接受折磨和苦痛。但要你在这两者中间选择时，你会怎么办？我们都会觉得，相比较做个差的，去努力克服自身的缺点，努力追求自己喜欢的东西，让自己的人生过得更丰盈，即使深陷困境，即使前途未卜，即使满身伤痕，也要好得多。

　　有些事情，不是我们非做不可，是你不去做，就可能会陷入更大的困境。而你顶着难度去上，反而会感觉柳暗花明。你为了不掉入狭隘的井底，拼尽全力沿着井底朝上爬，是为了能看到更加广阔亮丽的风景，是为了让自己心脏的肌肉，变得更加强硬。而这就是尝试着去做对自己而言有些难度和高级的事情的意义所在。

别让你的能力
配不上你的眼光

一姐跟我说：她儿子的女朋友长得很难看，但她儿子说了，长得难看的放在家里安全！我哈哈地笑了。

前几天，坐另一姐的车上，她说她儿子找女朋友了，但长得不好看，我说给我看看。于是她拿起手机，打开照片，给我看。我上下打量，说：也不是很难看啊，还行啊！即使很难看，我也没傻到在她面前说长得真不怎么样吧！她继而说道：我儿子说不要太漂亮的，太漂亮的女的都不挣钱，还要辛苦挣钱给她花！

于是乎，我也呵呵地笑了。

有些人有可能会说，那两儿子肯定长得难看，所以没相信找个漂亮老婆！其实你们错了，那两儿子还真是长得不错！不管是长相还是身高，都属中等偏上！不知道是什么观念让他们竟会有这种想法！进而影响他们的择偶标准！

这两位儿子对"漂亮"的定义就单从脸蛋来找恋爱！当然漂亮脸蛋有一定的标准，从生物医学研究人员，结合现代心理学的实验，得出一个结论：美的脸是大众化的脸。这种大众化的漂亮脸蛋描述为：额头饱满，嘴唇丰满，颚骨短小和下巴尖细。通俗点无非是：有瘦削的下巴，大而明亮的眼睛，嘴和下巴之间的距离要短于平均值。我在百度上搜索到对"漂亮"的定义：形容事物出彩，人物或物体好看。反义词是难看。就从这一句话的解释我找不出如何划分为漂亮或难看！

不经历疼痛，哪有成功的蜕变

特此申明下：这里指的漂亮女孩是指正经姑娘，并非灯红酒绿下的女人！

前几年，独自背包旅游去了趟魔都，旅途中，遇到了一对夫妻，女的就暂叫她A吧，男的就叫她B吧！那时在学校里，A是学校校花，不仅长得漂亮，而且还是学生会主席，追她的人可以绕学校一圈！B不仅长得很不好看，学习成绩也一般，也没有什么特长，但当看到她的时候，B就认定以后一定要娶她！B说在没认识她之前，没目标，不长进，每天碌碌无为地过一天是一天，自从认识她后，娶她是他的目标，并为之目标奋斗！

现在，B是一家外企当行政总裁，他说这条路走得很艰辛，但是心中有目标，一切都能迎刃而解！他说要是放弃了她，就等于放弃了自己！

A在当地开了家烘烤店，送完孩子上学，就回店里泡杯咖啡，与客户交流烘烤心得！眉宇之间流露出来的满满都是爱！A说她一有时间就去学点其他兴趣，如插花、陶泥等，有时兴血来潮，丢下老公和孩子，买张机票就去旅游了！

她说即使生活过得很艰难，也要保持一颗少女之心！随着生活的沉淀积累，更让自己学会淡然，这不是漂亮脸蛋能赋予自己的！漂亮只是别人给定义的。别人不能因为你长得漂亮，就施于一份工作给你！即使让你狡幸得到，以后工作中，处处出错，谁敢顶风作案包庇你！脸蛋漂不漂亮不重要，重要的是活得漂不漂亮，这才是关键！才是人生法宝！

B说：为什么不娶漂亮的，即使放在家里当花瓶，我也觉得养眼！当然这是玩笑话！而且你知道自己与她的差距，为了能娶到她，就让自己每天进步一点，每年成长一点，拉近彼此的距离，这就是他给我的动力！不仅娶到心仪的对象，更让自己成长了，这双赢的结果，有谁不乐意呢！

不要漂亮的，那是没自信的表现，如果你够好，就不会担心妻子的不忠！如果你够有能力，就有信心让自己的妻子过着衣食无忧的生活！要是你今天怕这个，明天怕那个，说到底还是无能的表现！在感情中没信心的一方，必然在其他方面也有所欠缺！退一万步讲，万一真让你碰到个漂亮的、不忠的、败家的，那就是你眼光有问题、她人品有问题，而根本不是漂亮惹的祸。

最怕的就是你娶了位不漂亮的，有一天竟然发现她还是个母夜叉！这时候你想找个地洞，都来不及了！

在工作中，或是平常朋友交谈中，即使你长得闭花羞月，但矫情地觉得天下男人都要拜在你的石榴裙下，一次二次还可以冲着你的脸蛋帮忙下，但绝不会是长久！等你一转身，后面的人肯定不屑地并带有讽刺地说：真矫情！要是你的旁边，有那么个人长得不怎么样，但却很热心，自己会的东西从不麻烦别人，工作效率高，得到老板的赏识，每天过得很充实而未有任何抱怨之心，你肯定会说：虽然长得不怎么样，但确实不错，真的很喜欢她！

保有一颗善良之心，爱笑之脸，即使你的脸蛋不漂亮，但你的运气也不会太差！

英国浪漫诗人济慈曾写道：beauty is truth，truth beauty（美即是真，真即是美）。由内心焕发出来的美，唯其真，唯其诚，方能有诸内而形诸外。

所以漂不漂亮，跟脸蛋没关系！如果你遇到个漂亮的脸蛋，加上有颗善良的心，并有着智慧的头脑的这么一位女神极人物，不要不敢，不要觉得自己配不上，一定要抓住一切可利用机会，把她"收了"！追求途中，碰壁了无所谓，鼓足勇气再来，让自己在一次次地挫败中成长起来，优秀起来！爱她有几分，就要努力有几分！如果不努力，不进取，不要把漂亮女人都很现实挂在嘴上，这都是屌丝男吃不到葡萄的心理作怪！

回眸一笑百媚生，六宫粉黛无颜色。名花倾国两相欢，常得君王带笑看。历史上，帝王将相大都是"爱将山更爱美人"。这是男人唯物论的本性！

"爱美之心，人皆有之！"别跟我说你不想要，你说的不要，实际是你的格调不够高，仅此而已！

越是对命运不甘
就越要去拼

[1]

昨天傍晚，有人在朋友圈发了张夕阳的图片，上面写着：唉，又一天。言语间，仿佛充满了无力感。我在下面留言问：怎么啦？他回复：感觉一天什么都没做，就过去了。

其实，发出这种感慨的人很多。

我老公有一个远房表哥，也是我小时候的邻居。他每个新年都来看我婆婆，每次来了都会叹息：唉，又一年。

第一次听到这样的叹息时，我问他什么意思？他说自己曾经是个文艺青年，梦想就是业余出几本书，可工作后，每天下班就往沙发上一靠，什么都懒得做了。

一年又一年，年年是白板。

老公的这位表哥，曾是我少年时的榜样。我记得母亲不止一次和邻居们议论起他，都是满脸的羡慕。那老谁家的小谁，考上了大学，真了不起，以后前途无量。

我很清晰地记得，小时候的夏天，我们全家经常在有过堂风的大门过道里吃饭。他有几次从我家门口路过，父亲总是望着他的背影对我说："你要好好学习，以后像他一样有出息。"

一别经年。我结婚时，他竟然参加了，才知道他和我婆家有亲戚。他虽然有些发福，但眉眼依稀，我一眼认出。

他说自己大学毕业后分配到一家事业单位上班，一份轻松的工作，拿着撑不着饿不死的工资，下班打打麻将、看看电视，也想做点自己喜欢的事，可总也没有付诸行动。日子就这么重复着，这些年，仿佛就过了一天。

想不到，我和他会以这样的方式重逢。我对他的崇拜像个扎破了的气球，噗地一下瘪了。而这些年，我一遍遍听他说那句"唉，又一年，再想干点啥都晚了"，我对他早就从崇拜变成了失望。

今年，他搬了家，住在我家对面的一个小区。我离单位近，有时候步行上下班，很多次在路上遇到他，骑着电动自行车，穿梭在滚滚车流中。他的皱纹，他的花白头发，他木然的表情，告诉我，他的日子应该是一潭死水，毫无生气。

通过他的模样，我能看出他这些年还一直处在刚毕业时的起跑线上，从未移动。一个偶像，竟然一生庸庸碌碌、浑浑噩噩、懒惰不前，这是令我最泄气的地方。

我希望的是一个，哪怕曾经目不识丁，但通过努力已有丰盈人生的榜样。

[2]

记得几年前，总经理带我们去一家供应商那考察，据说是国内有名的民营企业。接待我们的是对方的几位副总，他们的老总去欧洲调研市场了。

2000多亩的厂区，走了半天也没转完。餐厅、宿舍、生产线，每到一处，我心里都会涌起一个大写的赞。到处都井井有条，看得出管理非常精细化。

中午吃饭时，我们聊起这家企业，简直太让我震惊了——这家企业的老

不经历疼痛，哪有成功的蜕变

总那年已经六十二岁。他在五十二岁的时候，从一名兽医改行，如今把公司做这么大。

那家企业的宣传栏里写着一句话，我一直深深记得：如果你想飞，今天就是起点。

那时的我，正在给一些报刊投稿，焚膏继晷，按编辑的要求修改了一遍又一遍，依然经常被退稿。我心里打过无数次退堂鼓：算了吧，又不是没有工作，都三十加的年龄了，干吗非要跟自己死磕。

而那一次考察，恐怕收获最大的人应该是我——从此不再纠结，哪怕退稿再多，也坚持写了下去。

[3]

其实，这个世间，有多少人每天都想着改变，晚上睡到床上的时候，雄心万丈，醒来又是重复的一天。

曾经在微博上看过一段话：别抱怨，别自怜。所有的现状都是你自己选择的，抱怨能说明什么呢？除了你什么都想要的贪，还有你不想做努力的懒。

是啊，一年又一年，时光悄然流逝，你增长的却只有年龄。对命运不甘，却又不肯用行动去改变，只好一年年长叹。

唉，又一天，又一年，一辈子完了。

亲爱的，一天很短，短得来不及拥抱清晨，就已手握黄昏。一年很短，短得来不及细细品味，就已冬日素裹。一生很短，短得来不及享用美好年华，就已经身处迟暮。我们总是经过得太快，而领悟得太晚。

好在，"年"，只是时间的节点，并非人生的节点。站在这又一年辞旧迎新的门槛，请对自己说，永远不要放弃你真正想要的东西。等待虽难，但后悔更甚。

不要无数次垂头丧气地叹息：唉，又一年。请在努力实现梦想的路上，自信从容地大声说：Hi，新年，我来了！

对自己狠一点，缺点才能少一点

[1]

一位年轻的朋友小美跟我抱怨，说自己总是遇不到包容、善良的好人，自己身边多是一些苛刻、善指责的人。

同一个办公室的女同事经常挑剔她表格做得不好，影响搭档的工作效率。别人迟到，领导只是象征性地批评下。而她偶尔迟到一次，领导就那么严厉，还让她交罚款。最近，就连一直口口声声说会爱她一辈子的男朋友也似乎开始有些嫌弃地让她去减肥，还教育她说管不住自己的嘴的胖子都是颓废的人。

小美沮丧地说，自己看到的这个世界糟透了，身边的人可以包容别人，却独独容不下自己的那些小缺点。

在她跟我抱怨之余，我问了她几个问题。是不是女同事的表格做得很棒？是不是领导包容的那个迟到的人经常加班，而她总是按时打卡下班？是不是比起刚认识男朋友那会儿，她越来越胖了？

小美都一一老实地承认了。由此，我想起了几年前认识的一家大型上市企业的品类总监。

那位品类总监是一位女性。我认识她的时候，她三十多岁。作为一家大型企业的品类总监，她却只是高中毕业，没什么学历。年纪不算大，在职场位居要职，却没有受过高等教育，这并不多见。

后来接触得多了，也听说了她的一些故事。她高中一毕业就去一家百货商场站专柜，做销售。上班第一天，她的主管对她说，如果她没有戴眼镜，那就更好了，整体气质就会提升一个档次，也会给顾客留下更好的第一印象。

于是，她决定摘掉框架眼镜，戴隐形眼镜。但是，她的眼睛一戴隐形眼镜就会发炎、红肿。医生建议她还是戴框架眼镜比较保险。然而，只要她认准的事情，她就一定要做到。哪怕是眼睛红肿、流水，她也坚持佩戴。有时因为红肿太厉害，怕吓到顾客，她就上班戴框架眼镜，下班回去换上隐形眼镜，让自己继续适应。

建议她摘掉框架眼镜的主管看到她这么较真，又这么辛苦，颇有些不好意思地劝她说，其实戴框架眼镜也没什么不好，显得知性，现在很多人都把眼镜当成佩饰呢。她听了只是笑笑，继续坚持适应隐形眼镜。几个月下来，她终于适应了，成功摘掉了框架眼镜。直到现在，她一直都戴隐形眼镜。

在接下来的几十年的职业生涯中，她的工作中处处都体现着对自己的这股狠劲。只要是她看来不完美的，她就会想办法去提升。所以，在公司的晋升评定中，她的不可替代的杰出表现总是能战胜晋升标准里面的那些硬性条件，譬如学历。因此，表面看起来，她的职业生涯一路绿灯，让很多觉得她有不可改变的"硬伤"的人都觉得生活对她未免太过包容了。

不仅工作上，她收获了更多善意。她的家庭也很美满，没有所谓的女强人就会有的支离破碎的家庭。她婆婆像疼女儿一样疼爱她，她老公对她一直保持最初恋爱时的温度。这是因为，她在生活中对自己也是足够的狠，不纵容自己对亲情、对爱情的松懈。

[3]

所以，不是这个社会对我们太挑剔，而是我们太懂得心疼自己，不舍得自己受一点点苦。我们怕自己累到，拒绝加班，明明有工作堆积在那里。

我们每天一下班就会沉浸在各种娱乐方式里面，美其名曰犒劳自己一天的辛勤劳作。然而，当遭到这个世界白眼的时候，我们又不太懂得反省，反而把抱怨当反击，怪世界太无情。

看到新闻报道里面，有人猝死，有人过劳死，我们就开始大呼小叫地说，人生苦短，人活着要对自己好一点，不要太辛苦。

可是，要追的剧，我们还是一部不落下，哪怕通宵熬夜也一定要追完。要参加的聚会，我们一场都不错过，哪怕深夜里吆五喝六，喝得酩酊大醉。若对堕落包容和给予善意，那就是这个世界的"有眼无珠"。

我们在该心疼自己的地方太用力，在该对自己狠一点的地方却又太心软。况且，很多时候，对于我们而言，所谓的对自己的狠，真的不值一提。也只不过是把大把刷朋友圈、看泡沫剧的时间稍做减少，用来自我充实而已。

一个人这一生要吃的苦，大抵是平衡的。年轻时过于安逸，年纪渐长就只剩下"少壮不努力"的悔恨。在自己这里过于舒适，在别人那里难免会受些鄙弃。反而言之，你若是对自己要求严格，有自己的底气，别人又怎么能够对你严厉苛责？

[4]

当然，有时，并不是对自己狠的人，就一定收获了多于常人的善意。

更多的时候，只是因为，他们把关注点从别人的认可转移到了对自己的提升。他们的眼里更多的是自己的不完美和自己真正想要的，而不是别人的褒扬、包容，所以他们感受不到来自别人的"不善"，却反而更容易体验到别人所给予的善意。无所期待的收获，总会给人更多的温暖体验。

正如《月亮和六便士》里的思特里克兰德那样，一心沉浸在自己想画画这件事上，狠心抛弃其他所有对他来说是"累赘"的身外之物。当身边的人认为他的行为不可理喻，进而对他冷嘲热讽时，他从来感觉不到任何的恶意。因为，他的心里只有要画画这件事。

同样道理，在自己的小世界里过得过于安逸和轻松的人，大抵是比较脆弱、不堪一击的，别人没给予自己所要求的那个温度，就会感到是一种伤害。

所以，当感觉到来自四面八方的人对自己的苛责时，你是不是已经跟不上身边人前进的步伐，被人远远地甩在了身后？或者，是时候把注意力真正转移到自己身上了，淡化来自别人的不良体验。

[你能不能让自己的
今天比昨天更漂亮]

前一阵，朋友叶子发了一篇文章的链接给我。

文章的大意，是重庆一家摄影机构，为那些也许一辈子都不会走进摄影棚的女人们拍摄了一组写真。

那几个为了生活负重前行的四五十岁的大姐们，化妆轻饰，锦衣着身，而后面容惊艳，气质出众。

拍出来一张张让人们看过对比之后，无限感慨的照片。

叶子问我看过之后有什么感受。

我幽幽说到，生活残酷，女人不易。尤其，没条件打扮的女人更会让人感伤。

叶子说，难道这不是说明了一个尖锐深刻的问题吗。

我说什么问题？

叶子重重地说道，这说明，没有钱，就没有美貌。

[1]

是的，没有比现在这个时代，人们更坦诚对美的认同和渴望。

不管你是画出来的、微整出来的，只要你在迎着微光走出去的那一刻，你都是耀眼的。

这些年的自己，总是一边鄙视那些为了自己的容颜用尽心机的女人，一边又在心里偷偷对自己的素面朝天疑惑不安，举棋不定。

以前都讲究的浑然天成，依然让人心生赞赏，但那些把自己包装成发光体的精致担当，好像更让人觉得生活美好无限。

越来越多的人开始认同这样一个真理：

贵的东西，好像只有贵这样一个缺点，然而，便宜的东西却好像只有便宜这一个优点。

而我经过几十上百个瓶瓶罐罐的切身体会，终于不得不世俗的承认：

想要变得更好，真的要多花点银子。

好的面霜、眼霜、面膜，哪一样，都需要一颗舍得花钱的心，和一张可以任性刷刷刷的卡来支撑。

这世间所有的美貌，可能闻起来都是金钱的味道。

[2]

一个影视演员，曾在出道时演出了很多比较"雷人"和"奇葩"的电视剧。

后面在她渐有名气之后，一次做客访谈节目，主持人提起她之前的那段演艺生涯，问他，为何当初会如此不挑戏？

她并没有尴尬和回避。只是说，不是不挑，是没有资格挑。

如果没有挨过那段努力赚钱求生存的日子，如果那时候就挑，那么可能永远都不会有现在的自己，因为我可能都没有机会挨到现在。

一个女性朋友A最近找了份销售的工作。

每天打电话、跑市场、拉单子，每天从早到晚特别拼命。

不经历疼痛，哪有成功的蜕变

就连周末、假期，我们开始给自己特赦的时候，她也是风雨无阻，从不间断。

群里，另一个女性友人C说，都什么趋势了，女生还做销售，丢不丢人啊？

别人不吭声，问C，你做什么工作呢？

C说，哎呀，我正在考察呢，我要找一份轻松、智慧、有前途的工作，要赚钱就赚大的。

别人又问道，那你什么时候能找到呢？找到的话麻烦把去年借我的钱先还我。

这个世界就是这么惨烈却真实，就是这么复杂却简单。

没有钱，很多时候，我们并无半点颜面可言。因为，没有人有时间和你谈人生谈理想。

我对任何工作都中立，但我对每一个自己努力赚钱的人，心生佩服。

别管别人做什么工作，只要她热爱、敢想敢做、能付出、懂坚持，那么就比那些眼高手低、夸夸其谈的人们强一百倍。

而当你放下面子去赚钱的时候，说明你才是真的开始看重自己的面子了。

要知道，其实现在已经真的没有什么事情是比"没有钱"更丢人的了。

[3]

我一个高中同学橘子在一个商场做导购，我一直对那些商场的导购员"以貌取人"特别特别的厌恶和反感。

因为关系不错，一次交流中，我和她说起了自己的这个看法。

我说，难道没有钱的人，就没有权利得到你们一视同仁的尊重了吗？

她说，其实现在，导购人员对于所有人在表面接待中，都是差不多的热情和客套的，因为这是商业和品牌礼仪的要求。

但是在心底和背后，真的是有天壤之别的。

她又说道，其实人人都对美好有一颗更敬畏和尊重的心。

你自己灰头土脸、衣衫不整、面容疲惫，显然就是自己对自己的放弃和不注重，别人又为什么要对这样的你点头哈腰、笑脸如蜜呢？

而那些精致、得体、优雅的人们，当然更有权享受到相同level的服务和重视。

毕竟，一直面带微笑太累了，只能把更有限的真心，用在更养眼的人和物上。

何止导购员，那些男人，那些客户，甚至幼儿园的老师都说，面对着可爱又帅气的小朋友，自己的耐心和爱心都会更多一些呢！

所以从那以后，每当我要去商场的时候，都会比较认真地稍微收拾一下，我不想带着休闲游乐的好心情出门，却成为那个在店里遭人背后嘲笑和冷眼的人。

你应该知道一个真相：你觉得很多人素质不高，很可能，人家只是不想在你面前修养良好。

[4]

生活哪来那么多的岁月静好，更多的是不辞辛劳。

深夜路口的麻辣烫摊前，中年阿姨戴着套袖在油烟里忙活；午夜加油站，年轻的女加油员困的两眼干涩；瑟瑟寒风里，菜市场里总有几位大妈，守着一小摊蔬菜……

没有一个人是容易的，无非都是想多赚一点钱。

我们为什么要努力工作赚钱？

因为穷，对于爱美虚荣的女人来说，真的是太残忍了。

金钱虽然不是我们人生追求的意义，但是我们的很多追求，却必须依靠金钱去实现。

甚至可以不夸张地说，我们现在所面临的90%的问题，都可以用money来解决。

所以，适度的拜金主义其实是睿智思想的体现。

它让你明白，如果全社会的价值取向都是如此，而你却做不到，那很有可能是自己能力的问题，而不是这个世界的错误。

而这更多的银子从何而来？

问男人要吗？

当然也可以，爱的最高境界，就是可以坦然的向你的另一半要零花钱。

可是更多时候，我们可能并非一直有人可依，甚至自己才是别人的依靠。

[5]

如果说，三十岁以前的容貌，靠着天生，靠着自然，我还相信那是真的。

如果三十岁以后还会如此，只能是，你只是还没有亲自到过三十岁。

朋友说，我真的不想在十年之后的同学会上，自己不敢坦然镇静地看当初那个曾经暗恋过的男孩；不想被曾经暗恋自己的男孩一见惊悚，半生失望；不想被其他女生"关切"地问一句：这些年过得很辛苦吗？

我说，我更怕自己连去参加同学聚会的勇气和底气都没有。

三十岁后，"相"由"薪"生。

这个相，不仅是指你的容貌，还是你整个人的精神面貌和生活态度。

这个薪，不仅是指你的银子，还是指你对金钱的考衡和对赚钱的把握。

你有娇俏的容颜，你有不怯场的外壳，你有一颗没有被委屈和蜷缩侵染的心，才更有柔情和力量去面对生活的鸡飞狗跳，才不会被功利又赤裸裸的现实打败。

不要安于现状，不要总是让自己的生活活在舒适区，不要总是给自己划定安全线。

因为，你能不能越活越值得，就在于你能不能让自己的今天比昨天更漂亮。

机会都是留给吃过苦的人的

每一年，公司都会有一批刚从大学校园离开，入职到我们公司的新鲜血液，每一年的入职高峰期后，也会有一批新鲜血液，从各个岗位脱离出去，真正地走向社会招聘的挑选机制中。于是，有的人成为了工作经验的幸运者，有的人，却成了工作年限的受制者，这其中总有些人让我印象深刻。

6点半，站在班车接驳站的路口，刚下班的人们已经排起了长龙。我站在熙熙攘攘的人群里，后面有一个女生在给朋友打电话，声音有点沙哑，仿佛刚刚哭过，就在身后，我依稀能听见女生打电话的声音。

"今天我的上司升职了，本来以为那个位子是我的，没想到给了一个刚到总部不到3个月一线的小员工，还是破格提拔。真是气死我了。你说，我在这个部门待了四年了，没有功劳也有苦劳吧，走的时候还跟我说，会给我一个好的安排，这算什么？让一个新来的不到三个月的人来管我，还让我多带着点他，她肯定是背后给我们上司送礼了，或者有其他的什么事情就更说不准了。最鄙视这种行为，靠着不正当手段获取职位，这种人，迟早有一天会被揭穿。"

断断续续听到女生的投诉与不忿。后面快上车的时候，听到她说："来了四年，工资都没有怎么涨，我要是年初就出去找工作，现在工资指不定已经翻倍了吧。最近有公司喊我去面试，我嫌工资太低了，不想去。不跟你说了，车来了。"班车稳稳地停在我们面前，大家有序地往前挪动，我回头看了一眼，原来是她！

这姑娘，偌大的公司里，根据入职时间来看和现在更新换代的速度来看，已经可以算老员工了。虽然不在一个部门，我对她印象深刻，是因为工作关系，我们曾经打过几次交道。她给人的感觉就是，得过且过，不是自己的事情一定不往自己身上揽，是自己的工作，马马虎虎地做。常常数据出错，任务提交不及时，下班打卡第一个走，上班踩点闯进办公室。部门负责人换了一拨又一拨，却独独没有给她升职的机会。在这样的场合下，无意间听到她打电话，说吃惊，竟也是莞尔。

身边往往不乏这样的姑娘，一边在充满压强的氛围里悠然自得地过着近乎养老一般的生活，一边跟朋友抱怨身边没有机会，公司永远都是在压榨员工，那些晋升的人，都是靠着关系或者各种手段去获得机会，在岗位上熬着时间，坐等资历降临。时间久了，倚老卖老，说，我好歹在这里干了这么多年了，没有功劳也有苦劳，你不给我岗位，就是你不对。

这姑娘曾经有2次去竞聘的机会，然而都以各种理由拒绝参加竞争，总以为凭借自己的资历，能够获得破格提拔（由总监推荐，无须参加竞聘）。然后随着一拨又一波的新鲜血液补充进来，当她想起要去参加竞聘的时候，后面的小鲜肉们，早已经摩拳擦掌，跃跃欲试了。在职场上，往往一次机会的错失，将会带来整个职业生涯的转变。

哪有那么多的机会，偏偏就给了你？在工作中消磨时间，在其他人加班加点的时候，你已经在家看韩剧了，在其他人周末忙着给自己充电的时候，你在繁华的街边喝冷饮，在其他人会议上积极提出自己的见解的时候，你在埋头玩开心消消乐，不会思考为什么其他人会这样思考，在其他人清晨起来跑步或者阅读的时候，你还在床上做着美梦流着口水带着起床气，当其他人深夜还在为白天的工作做总结的时候，你还在煲电话粥。于是，当有一天身边的人成为

不经历疼痛，哪有成功的蜕变

那个把握住机会的人，却换来你的一声嘲讽，哼，走了狗屎运。

哪里有那么多天上掉馅饼的事情了？就算是天上百年难得一遇的给了你一块馅饼，你也得看看自己是不是已经牙齿掉光，再也咬不动眼前的美味呀！

可是，道理人人都懂，却很少有人能够做到。心理学上有一个观点：你是什么样的人就会吸引什么样的人，你身边是什么样的人，你就会成为什么样的人。环境可以影响人可以塑造人，但首先你是个可以塑的人。在你抱怨机会不青睐你的时候，你是不是那个机会愿意排除重重困难，来到你身边的那个人，在你抱怨别人升职加薪依靠不良手段的时候，是否反思过自己曾经有没有在人前背后努力的要命，就等着机会来找你的时候，在你抱怨生活不美，工资不够的时候，是否想过自己的状态是否对得起手心里的每一份薪水。

想想自己当初到深圳时候的窘迫，每个月2500元的工资，需要坐地铁转公交将近一个小时的路程，每月底跑遍半个城市去跟客户对账，吃10块钱一份的盒饭，住10平方米的格子间，但是当时的自己，就像打了鸡血一样想要在深圳这座城市里立足，晚上学习公司文件知识，周末加班学习财务知识，竞聘前一周，在部门通宵加班练稿，终于在7个月的黑白颠倒日子后，通过平时的努力，被推荐参加竞选，顺利晋升。其实，当我知道竞聘成绩的时候，第一反应是，没有错失机会。

成功学鼻祖拿破仑·希尔说：别人都能看出来的机会，绝对不能算是机会。千万不要等到万事俱备以后才去做，这世界永远没有绝对完美的事情。如果要等所有条件都具备以后才去做，那你就只能永远的等待下去，你将会失去所有的机会。

回头看看姑娘的话语，回家的路上，感谢那段给我机会的窘迫生活，让我能够慢慢成长于刚出校园的残酷社会，感谢当初的自己，没有轻言放弃，从此随波逐流，一蹶不振。

城市的夜光随着车身次第滑落，那这个冰冷又坚硬的城市，唯有自身资本足够强大，才能给它以温暖的色调。当有一天，机会来临，即便是没有抓住，你也能对着这座城市说，我曾经努力过！

你不觉得艰难
它便不会艰难

很多人问我："读了你的书，觉得你那么拼，这样生活累么？"很多人看完我写在北京租房的文章问我："这么艰苦的条件，要我根本坚持不下来。"看到这些话的时候，总觉得诧异，因为自己心里并没有觉得过什么艰苦，无非是某些事情对自己有点要求，不能比周围人差太多罢了。可能我是一个对物质要求不高，也对自己比较苛刻的人。回顾过去的日子，并不灿烂，也不凄惨，只有深刻，一幕幕都在自己的回忆里，没有后悔，也没有遗憾。我看得见自己的成长，看得见自己的变化，因此对得到过怎样的回报，不管大小都心之坦然地接受，这就够了。

可能是选秀节目里流着眼泪讲完的奋斗故事挺多了，很多人都会觉得奋斗一定是件常人难以忍受、说起来都必须流眼泪的事儿。可事实上，所谓无法忍受，无非是"由奢入俭难"而已。离开了父母温暖的小怀抱，便会觉得早起自己挤公交吃盖浇饭就是苦，租个小破房子没空调就是苦，上班被领导骂几句，被同事翻个白眼，甚至出门被一片落叶打脑袋上也能落下泪来。可这就是年轻人的生活本来该有的样子，这到底苦在哪里了？

公司里的小朋友跟我说："星姐，为什么我总觉得我的生活很艰难，快要支撑不下去了呢？"其实，没什么事情你支撑不下去。如果有，原因只有一个，你还有后路可选。比如小朋友的房租都是爸妈在付的，自己只用工资买买衣服、看看电影，生活还算优越，也遇不到什么特别的困难和危险。脑子里总有后路，便不会为自己下什么狠心，也就不愿意去承受什么艰苦一点的环境，吃差一点的饭菜，走远一点的路。稍微付出点，就会觉得自己不该过这样的生活，人生迷茫得不行。

我总收到很多人的来信，都跟迷茫有关。不是上错了专业，就是工作不喜欢，再或者就是自己应该去大城市发展，不该窝在这小地方，仿佛全世界的人都摆错了自己的位置。其实人生中哪个阶段都会有困惑和迷茫，跟有没有钱、成功与否都没有关系。这世界有很多让人觉得特别励志的人，并不是因为他们都活明白了人生，而是因为他们更愿意在遇到问题的时候多自省和思考一步，更能坦然地接受每一次麻烦的发生，并有足够的信念不断打碎自己，捏一个全新的自我。鼹鼠说过一句话："倘若你的生活里什么麻烦都没有了，那你离死也不远了。"每次我遇到问题和麻烦心急火燎的时候，总会想起这句话，便会庆幸，自己还好好地活着。

上周开始上研究生课程，课堂上老师讲了一个道理，信念对人的行为和发展有非常重要的指导作用，也就是所谓的你是怎样想的，便会怎样行动。畅销全球的《秘密》这本书的核心意思也本来如此（这个道理还有一个名词叫"夏威夷巫术"）。我便想起一件很小的事。有时候我会在网上推荐一些好书，很多人会留言说："我还是穷，我买不起啊。"有时候我写到健身，很多人会留言："我这么穷，哪有钱去健身房。"其实，买一本书和去哪里健身并不会让你花什么大钱，但我觉得，总说自己穷的人，真的会永远苦下去。我记得我刚实习、薪水一个月350块钱的时候，便开始盘算，如果想五年内买房，首付至少要多少，每年需要赚多少存多少；看到别人生孩子在环境优美但价格昂贵的私立医院，我便也觉得等我生孩子的时候也要去这样的医院。这种想法可能很多人会觉得俗，一点都不文艺清新，这不就是攀比么？但对我这种爱钱的人来讲，这是一种生活的信念，奋斗对我而言，就是由一个个信念组成的。

这些信念可能是你的父母一张银行卡里的钱，可能是你生来就有的资源。我没有，但我有信念。有信念，生活就不会苦，也不会难。

我还有一个朋友，中专毕业，父母都是最普通的农民，他在北京一直生活在郊区最底层。我认识他的时候，他就像接受过传销蛊惑一样，极度相信自己五年后会去美国发展，一定能成为富豪。五年后的前不久，他真的带着老婆孩子生活工作在美国了。也许你会说，他在美国也是屌丝。但这不重要，重要的是他实现了第一个梦想。有信念的人，未来都不会差。

其实年轻的路上谁都一样，迷茫，彷徨，对未来没把握，不知道自己的未来在哪里。所谓的奋斗，不是让你天天泪眼婆娑地看到一片落叶都觉得自己孤单凄惨，不是让你回忆往事的时候就哽咽得说不出话来。奋斗应该是一种信念、一种态度，让你面对未来的时候信心满满，回顾过去的时候心情淡然。所谓的奋斗，其实无非就是一天天重复普通的日子，并努力把普通的日子过出不同的花儿来，可以吃点粗茶淡饭，愿意走远点路上班，耐心的等待和努力，心中饱有对更好的生活与人生的信念和希望，这，其实没有多艰难。

你胖难道就不去减了吗

　　有一天，我偶然放了一张二十岁时的照片到朋友圈，得到了一百五十个赞，突然想起一个问题，那就是我在最年轻最漂亮的年月里，没有一天觉得自己是漂亮的，这真是毕生最遗憾的事。

　　我一直到三十五岁以后才学会接受自己，真亏呀，可是比我更亏的是那些一辈子都没有接受自己的人。比如我身边的A、B、C、D小姐，我们的共同特点是永远都不满意自己现在的样子。作为一名曾经的胖子，当然现在也不瘦的人，我很想问那些在世界面前瑟瑟发抖的女生一个最简单的问题，你究竟有多胖（矮、小、丑……以下类推），以至胖到令你如此万念俱灰、寻死觅活？以至胖到你把目前所有的一切不幸都归结于你的这些缺陷？

　　因为胖（或矮、小、丑……），你找不到好的工作，找不到好的男人，找不到好的待遇，找不到好的运气……你有没有想过，其实一切不幸不是因为你胖，是因为你认为自己胖，而造就的那个真的很不满意的自己呢？那样黑口黑面的人有谁会喜欢呢？有谁会愿意跟你交朋友呢？

　　心理学有一种说法，叫"体象障碍症"，就是无限制放大自己的生理小缺陷，并上升为对自己生活的全盘否定。最深层的心理原因，也许是借着这个理由，你就可以回避掉人生其他的问题吧，你这个胆小鬼……

　　"这世上没有减不下来的肥，只有不愿意改变的人生。如果你真的认为你太胖，为什么你不认真减肥呢？"这是很多强大人格的人问话的方式，我

不经历疼痛，哪有成功的蜕变

268

不敢这么问，因为作为一个长年奋斗在减肥第一线的人，我知道真正的减肥有多难。

可是如果减肥可以让你看起来年轻十岁，如果减肥可以让你活动时轻盈如风，如果减肥可以让你更加自信，那为什么不呢？如果我们有缺点，那就只能选择两种方式生活：让缺点不那么缺点，让优点更像优点。如果你不幸有家庭遗传或者药物肥胖，这种无法更改的事情之外，那么，让缺点不那么缺点的方法是——开始减肥吧。

真的，它是通向自信一条最短暂、最直接也最简单的路径。

我的朋友小菲，原来是个看上去有点敦实的大嫂。后来她每天坚持跑十公里，她把自己跑成了一个比原来小一号的美女，而且她还变得更快乐更开心，这是我亲眼看到的现实。基本就是这样吧，如果你开始控制你的体重，也就意味着你可以开始控制你的人生。作为一个健康的人类，有什么比那种把自己命运握在手中的感觉更让人自信的呢？

对自己的肉体，保持强大意志力是一件很牛的事情，说明你的意志凌驾于肉体之上，而不是肉体凌驾于意志之上，这是你身为高等动物最高等的地方——陈丹青老师告诉我们在最高意义上，一个人的相貌，便是他的人。

我的理解，这相貌不但包括了脸，也包括了身材。脸，我们无法自主（当然现在也可适度的自主，毕竟现代医学如此高明），但人到了四十岁以后，一个美人的脸和一个丑人的脸能有什么质的区别呢，可一个肥胖臃肿的身体和一个健康苗条的身体那可能是有量级的区别，毫不客气地说，那几乎就是十岁的差别。

三十岁以后，我们不但要为自己的样子负责，也要为自己的身材负责，因为人和人的差异首先就呈现在身体上，身体反映了你的生活质量，你的理念和你的价值观，你的身体永远先于内在与教养到达别人的面前。

如果你要了解一个人，你只需看看她的身材，看看她的面容，看看她的眼神，看看她的胳膊，看看她的手指——恕我直言，很多很年轻就号称减不下来的人（排除疾病因素）大部分都有难以介怀的心理阴影。有一种说法是，肥肉是你不愿意面对的自我，肥肉越多，说明你不愿意面对的自我越多，这真令人伤感。

我活了四十年，也和肥胖面对了四十年，一直到最近几年，我才找到和它相处甚欢，但又决意两别的办法。首先，我接受自己是个胖人，我接受自己的易胖体质，就像我接受自己不美，接受自己可能没法拥有完美人生这个事实。是的，我接受，这没什么，不完美是正常的，谁是完美的呢？

奇怪的是，当你真正接受了自己，你会变得更有力量。这个时候，你再试着去找一条适合你的路，或许你爱快走，或许你爱有氧健身操，或者你爱健身器械，或者你觉得节食更有用，又或者你更爱村上春树式的长跑……你去做，去做一切能保持你身体平衡、让你更快乐的事情，这其中就包括减肥。

嗯，姑娘们，真心说一句，接受自己感觉很好，但有能力改善自己，会让你感觉更好。

加油！

你历经的苦难越多，
走得才会越远

[1]

"那些艰难的日子才会决定你会成为怎样的人"。

Facebook首席运营官Sandberg在今年加州大学伯克利分校的毕业典礼上对着即将走近社会的毕业生们诚恳说道。对于掌控者这个世界上最伟大的科技公司之一的她，生活依然艰难，在命运赋予的横祸之后依然要迅速地恢复过来，世界不会给她的悲伤太多时间。

而坐在台下听她演讲的这些来自世界各地的毕业生，这些在西海岸湾区的年轻人，很多都要成为Google、Facebook的新生代，或者像当年的乔布斯一样，要在硅谷这个地方梦想着缔造传奇，用科技的力量写下这个时代最为激动人心的故事。

最近一段时间常常加班到凌晨两三点。在这个被称为中国硅谷的城市里，有着城市永远不会暗下的光芒作为背景，一个个被点亮的电脑的屏幕，数不清的年轻人对着这些屏幕的蓝光，写着代码，做着计算，让一个又一个的想法成形。整个世界都是类似的，从华尔街到湾区，那些梦想发出轰隆隆的巨响。

休息的片刻到阳台上抽烟，虽然年幼时候银河璀璨的记忆已经模糊，但是在盛夏时节的夜空中的星星依然让人向往。一个个光点背后都是一颗恒星的重量，一颗看起来只能发出微光的星星，背后到底蕴藏着多么巨大的能量？那我们呢？这个时代的年轻人，是不是自己的努力也能成为暗夜的光亮，被人所见？

我们很容易成为当代城市的一组群像，上下班途中的人潮汹涌，戴着耳机看着手机的我们，在被记录下的社会脸谱上，连一个表情都很难被看见。漂泊不再只是在北上广深，你看着身边的朋友在伦敦，在纽约，在东京，同龄人们在不同的大都会里奋力而又艰难地成长，在无数个孤单呼啸而过的夜晚里，默默地舔舐着伤口。

明明已经很累了，为什么依然看不到路在哪里？

在李宗盛《每一步都算数》的自传式的广告片里，一个年轻音乐人因为经常熬夜而牙龈出血，口腔里满满地血腥味，有着诗与远方的理想，每天却也不得不困顿在房租吃饭，为生存奔忙，焦虑感与迷茫让他不知所措，无数个夜晚里只能看着天色变亮，白天解不开的结，黑夜里满满熬。

生命并没有地图，只有你内心的指南针。

[2]

贪安稳就没有自由，要自由就要历些危险。只有这两条路。

工作两年的时候，我被巨大的焦虑感袭中。

跟朋友们太多次关于未来打算的谈话，一次次地收到"好好赚钱"这个最戏谑也最真实的答案。不再像年少时可以骄傲地说出自己想成为一个什么样的人，我们变得现实而审慎，意识到内心深处的理想可能真的永远无法实现。面对着一个不确定未来的无力感，足以让生活变得冷酷。

我对着这个世界还有着数不清的欲望，我对着美好的事物依然有着不知足的贪婪，我想拥有最好的物质，也想着有精神的富足。并不需要能够过着挥金如土的奢靡生活，但是我依然希望生活能够拥有质感，而不是斤斤计较地勉

不经历疼痛，哪有成功的蜕变

强度日。

实际跟设想里的生活有些不太一样，生活不是自己想要的生活。

初入职场时候的新鲜与热情在开不完的会议，写不完的报告，没完没了的加班中渐渐消耗；而工作也不总是顺风顺水，常常因为眼前的不得意而进退失据。工作的原因常常到西欧出差，伦敦，柏林，巴黎，米兰，走过这些曾经有无数想象的城市，在工作的琐碎中也变成了日常，那些听说过的故事都与自己无关，每天依然是朝九晚五，邮件会议。

而少年的傲气锋芒也在工作中渐渐收敛，太多优秀的同辈，远比自己优秀的前辈。说实话认识到优秀前辈的时候，总是又憧憬又绝望，想象着自己也能够成长成一个能够掌控全场又别具洞察力的职场人。同时也心生惶恐，眼看着远远比自己优秀的人，也只能过着籍籍无名的生活，让不甘与力又多了几分。

"我觉得活得越来越小了。"最近一次去单向街的时候我对许知远说，而他正纠缠在20世纪的历史中，写着未完成的梁启超传。谈及对许爷随心生活的向往，"别跟我比啊，你的精神力量能有我强么，我现在做的事情就是我想做的。"

年轻的生命居住在欲望都市里，大概就是这个时代的恰如其分。我知道我的欲壑难填，也知道妥协会积重难返，焦虑像这座海滨城市上空的云烟一样缭绕，但是又怀着悻悻的乐观，缓慢向前。

[3]

一年前的时候跟深圳的一伙儿朋友有一次未完成的策展，主题是"沸点"，几个来自于互联网行业的青年，在深圳这座新一轮创业的引擎城市里，硬件创新，人工智能，互联网带来的行业变革，一时风头无两，像是让这个时代沸腾的沸点。在这个社会阶级日益板结化的现代，感受到那种科技时代汹涌的变革力量，仿佛一切都有了重塑的机会。

我们都不想被时代所抛弃。

这就是为什么在东八区跟西八区的我们，隔着整个太平洋的宽度，吐槽完硅谷跟深圳的房价，抱怨着公司的种种不是，依然要熬着夜去完成一个又一个的项目的原因。哪怕只是其中的一颗螺丝钉，哪怕只是浪潮袭来时候的一朵不起眼的水花，我们也要用近全力去争取自己的价值，能够发光。

一年前班主任找了我们几个同学回中学跟毕业生座谈，关于未来的话题，说到动情的地方自己也有些被打动，大概是初心的原因，"我不知道在这样一个网络连接一切的时代里，那些不曾见过的风景是不是对你们还有憧憬，我不知道埃菲尔铁塔下看着塞纳河的波光粼粼是不是让你动心，我不知道午夜深处巴塞罗那老城的喧嚣是不是让你觉得动人，但是它们对我有着旺盛的吸引力，并且一直都在。"

对自己生活的选择权有多重要？摆脱来自于生存压力的逼迫，选择权大概是我们能够获得幸福的重要权利，在一个一个的人生岔路口前，我们拥有说不的权利，也能够去追寻自己想要的生活。我们只能听一听年轻人不要老熬夜的老生常谈，却没有办法真正实践，也许是在透支青春，我也想要获得更好生活的选择权。

我拥抱这个世界的渴望比谁都强烈，所以我要走得更远。

唯有努力才能
为你赢得话语权

[1]

好妹妹乐队有一首歌的歌词是这样的：杭州的夏天，每一天都下着雨，大雨洗去你的痕迹。不得不承认，江南水乡的雨真多呀。

看着外面淅淅沥沥的小雨，不自觉皱了皱眉，今天爬山的计划又泡汤了。换好衣服，撑着新买的雨伞，去镇上的拉面馆点了份牛肉饺子。

老板娘面无表情地把饺子搁到我面前，不耐烦地问：要香菜和葱吗？

天气不好，出来吃饭的人就少，面馆的生意也不如往常那样火热，偌大的面馆只能听得见老板的叹息声，分外冷清。

看着老板娘格外熟练地从我手里一把把钱抓过去，迅速拉开抽屉，翻出几枚硬币，塞在我手里，动作一气呵成。

这让我有点愣。面前的老板娘，看起来其实比我大不了几岁，却整日一副愁眉苦脸状，对顾客的要求也爱理不理，不爱说话，只是偶尔对丈夫的怒吼声小声抱怨几句，终日只是重复着端饭，数钱，找零钱。

我忽然有点悲哀，有点害怕，我以后的生活会不会跟她一样，整天重复着一件事情，没有期待，没有惊喜，麻木地过完一天又一天。

最近看了一篇文章：有些人的一生，一天就过完了。

我好害怕，害怕自己最后的生活就像这句话一样，每天重复着昨天的事情，过着一眼就能看到死的生活。

［2］

H小姐在微信群里发消息：真的不想干了，好累呀。每天领着一点能恶心死人的薪水，还要做这么累的工作，还得面对老板的没好气的脸色与同事的恶意刁难。

H小姐毕业以后去了杭州一家上市公司，说是在杭州，都不知道偏僻到哪个犄角旮旯的地方去了，说是上市公司，也没见有多大规模，能学到多少东西。

每天重复着单调烦琐的工作，生活在偏僻的乡村小镇里，正值青春年华的她都要被逼疯了。

"累了就回来呗，回家的工作也不见得比你现在的工作差，最起码还有家人跟朋友陪着你呀。"我回复。

"我也想回去呀，可是毕业还不到一年，薪资那么低，根本没攒到多少钱，辞职回去之后的日常开销以及房租水电怎么办呢？一时找不到工作，我总得有后备经济支持呀。"H小姐回复。

我默默地叹了口气，她的观点也有道理，以后的生活有了经济保障，才敢说辞就辞呀。

把辞职书扔老板脸上，是需要经济底气的，更是需要自身实力的。

［3］

最近开始坚持写文，有一些朋友知道之后，就问我：你工作很闲吗，怎

不经历疼痛，哪有成功的蜕变

么有空写东西呀？

我说不闲呀，累得要死。白天上班，晚上写字，更是累得要虚脱了。

有时候，就待在那里，大脑一片空白，死死想不起今天是星期几，接下来要做什么。整个人感觉在空中飘着一样，好像整个身体和思维都已经不是我的了。

晚上回来对着电脑，手指都要软掉了。

我想，那些程序员猝死前估计就我现在这个状态吧。

朋友安慰我：既然那么累，那么辛苦，你身体又不好，就别做了呗，安安稳稳好好工作多好呀。

是呀，安安稳稳多好呀。

可是，我害怕我的生活以后都是这样一成不变的样子，我害怕自己在安稳中失去了斗志，我害怕，哪天公司开了我，我连活下去的能力都失去了。

我更害怕，看着朋友都实现了自己的梦想，而我却离我想过的生活背道而驰。

我只是想过自己想过的生活罢了。

[4]

经常有朋友告诉我：女孩子，那么拼干吗，以后找个好老公嫁了不就好了吗？

我苦笑：哪有那么多好老公，就算我想嫁个好老公，人家凭什么愿意娶个一无是处的我呀。

我这么拼，只不过是希望以后遇见喜欢的人时，能平等地站在他面前，有底气地告诉他：喂，我有面包，你给我爱情就好了。

我想要跟你谈一场势均力敌的爱情，在你的事业达到辉煌期时，我站在你身旁也会更有底气。

我希望以后不用围着锅碗瓢盆、孩子老公转，可以有底气地告诉对方：哎，我俩同样赚工资，家务我们一人一半好不好？

我希望看见橱窗里好看的衣服和包包，可以自信地走进去，而不是暗暗告诉我自己：那些东西一点都不好看。

我希望当计划一场说走就走的旅行时，不要苦于囊中羞涩而放弃。

我这么拼，只不过希望可以报答爸爸妈妈的养育之恩，给他们花钱买东西时，不用顾虑太多，让他们生活得更舒坦些。不用在爸爸妈妈生病住院的时候，还要为住院费发愁。

我想要自己成功的速度，超过父母老去的速度。

我这么拼，只不过是想掌握一点生活的自主权，可以去选择我想要的生活方式，而不是整日为了柴米油盐发愁。

[5]

谁说女孩子，就不需要努力了？

生活不会因为你是女孩子就会对你温柔半分的，而你的竞争对手更不会因为你是女孩子对你仁慈一点，饭局上不会因为你是女孩子就让你少喝几杯。

有一句话：这世上，总有一个人，过着你想过的生活。我不要别人去为我实现我的梦想，我也不要只能看着别人过我想要的生活。

我不要某个午夜梦回的时候，想起自己年少时的梦想，心里只剩下遗憾与自责。

人生就活一次，我想把它用在追逐梦想上。

不经历疼痛，哪有成功的蜕变

我要通过自己的努力，去实现自己的梦想，过自己想要过的生活。

女孩子得更努力，才能赢得别人的尊重，才能拥有自我选择的权利。才能更好地被人疼爱，更幸福地过完这一生。

讲真，那些既漂亮，又努力的姑娘，你会不喜欢吗？